Wetter

Michaela Vieser

Wetter

Zwischen Hundstagen
und Raunächten

Inhalt

Wenn die Leute mit mir über das
Wetter reden, bin ich mir stets sicher,
dass sie etwas ganz anderes meinen.

Oscar Wilde

Das Wetter – auch nach Tausenden von Jahren Menschheits-
geschichte bleibt es ein Mysterium. Wir haben Thermometer, Anemometer, Barometer, Hygrometer, Ombrometer,
Pyranometer und Ceilometer erfunden, um Temperatur,
Windstärke, Niederschlagsmenge, Wolkenhöhen und andere
relevante Daten zu messen, zu sammeln und auszuwerten.
Wir haben Gebäude und Fahrzeuge konstruiert, in denen
uns das Wetter nichts anhaben kann, wir haben wetterfeste
Kleidung entwickelt, die uns schützt. Aber dennoch: Es win-
det, regnet und schneit wie zuvor; es bläst vor sich hin, braut
sich zusammen, entlädt sich – und manchmal ist es einfach
nur heiter bis wolkig.

Das Wetter ist ein Phänomen, das mit allen Sinnen wahrge-
nommen wird: Man kann es fühlen als eine sanfte Brise, als
leisen Windhauch oder als Orkan, der an Fenstern und Tü-
ren rüttelt und Äste von den Bäumen reißt. Man kann in den
Himmel blicken und sich mit den Wolken treiben lassen, die
mal groß und bauschig, mal weitläufig und zerfranst oder in
gewaltigen Wolkentürmen hoch über uns dahinziehen. Öff-
net der Himmel seine Schleusen, dann trommelt der Regen
auf die Dächer, verwandelt Erde in Matsch und macht so

Wetter wirklich und wahrhaftig haptisch erlebbar. Und mit Faszination und Ehrfurcht betrachten wir die Abendsonne, wenn sie den Himmel und die Wolken darin rötlich färbt und ihr Licht alles, worauf es fällt, in zarte Schimmer hüllt.

Man will hineinfassen in das Licht des frischen Morgens und sich baden darin, seine Energie spüren auf der Haut und tiefer dringen lassen, chemische Prozesse im Körperinnern ankurbeln. Denn ganz klar beeinflusst das Wetter unsere Stimmung: So wirft die fahle Sonne des Winters zwar Licht auf die Landschaft, aber gleichzeitig Schatten auf die Seele. Und wenn der Föhn die Alpen herabströmt, dann verändert seine Kraft nicht nur die Luft um uns herum, sondern schlägt sich auch auf dem Gemüt nieder.

So mannigfaltig das Wetter selbst ist, so umfangreich und unterschiedlich sind auch die Texte, in denen über das Wetter geschrieben wird: Sie kommen aus sämtlichen Kulturkreisen dieser Welt, reichen von vorchristlicher Zeit bis in die Gegenwart, sind wissenschaftlich oder literarisch, mal leidenschaftlich, ehrfurchtsvoll oder einfach nur sachlich und genau. Dieses Buch kann nur einen verschwindend kleinen Auszug bieten, stellt sich aber der Aufgabe und hat eine Auswahl getroffen: und zwar mithilfe von 30 Wetterwörtern, die besondere Geschichten zu erzählen haben. Die Wörter reichen von Altweibersommer und Morgenröte über Wind und Wolke bis hin zu Tauwetter und Wetterzauber. Mythologien aus den verschiedensten Teilen der Erde finden Gehör, Goethe und Fontane kommen zu Wort, Margaret Atwood und Robert Macfarlane weisen in eine neue Richtung. Jedem Eintrag ist eine sogenannte Wortwolke vorangestellt, die verdeutlicht, in welchem Kontext die entsprechenden Wörter in Texten verwendet werden. Sie geht auf das Dudenkorpus zurück, eine gewaltige Textsammlung, die maschinell ausgelesen werden kann und einen faszinierenden Einblick in unsere Sprache gibt.

Und es sind nicht nur poetische und berührende Worte, die die Autoren über das Wetter finden, es sind auch erschreckende und heftige Worte. Denn das, was der Mensch als Wetter erlebt, war schon immer auch bedrohlich und gefährlich. Heute im Anthropozän, dem menschengemachten Zeitalter, ist es der Klimawandel, der das Wetter mit einer neuen Dringlichkeit in unser Bewusstsein ruft. Die Gefahr für Erde und Mensch ist immens. Jede Veränderung kann und wird schwerwiegende Folgen für alle Lebewesen auf unserem Planeten haben. Die zunehmenden extremen Wetterlagen sind ein für alle deutlich spürbarer Indikator dafür, dass wir uns inmitten großer Umwälzungen befinden. Was ist zu tun? Wir stehen vor einer gewaltigen Aufgabe.

Das vorliegende Buch soll ein kleiner Versuch sein, unsere Aufmerksamkeit wieder stärker auf das zu lenken, was wir erleben, was wir wahrnehmen, was uns umgibt. Es soll Anstoß geben, sich wieder einmal zurückzulehnen und in den Himmel zu schauen, die Wolken zu beobachten – und den vorbeisegelnden Wolkengespenstern einen Namen zu geben.

Altweibersommer

 warm, trocken, mild, wunderbar

»Ein Mädchen pflegte immer am Sonnabend spät im Mondschein zu spinnen. Da zog sie einstmals der Mond am Vorabend des Sonntags im Neumonde zu sich hinauf, und nun sitzt sie oben im Monde und spinnt. Wann im Spätherbste der Altweibersommer sich einstellt, so fliegen in der Luft weiße Fäden herum. Diese Fäden sind das Gespinst der Spinnerin im Monde.« So gibt der österreichische Ethnologe Friedrich Krauss in seinen 1914 zusammengetragenen *Tausend Sagen und Märchen der Südslaven* die Erzählung von der *Spinnerin im Monde* wieder. Wie in Volkssagen üblich, wird darin versucht, ein unerklärliches Naturphänomen zu deuten: In diesem Fall den Altweibersommer, diese kurze Warmwetterperiode, die meist direkt nach Herbstanfang für ungewöhnliche Temperaturen sorgt und eine »meteorologische Singularität« darstellt, also als eine Wetterlage, die regelmäßig wiederkehrt, dabei aber vom vorhersehbaren Verlauf der Wetterelemente abweicht. Obwohl der Herbst bereits eingesetzt hat, wird es in dieser Zeit tagsüber noch einmal warm und sonnig, bis zu 20 Grad Celsius, während nachts manchmal schon Bodenfrost einsetzt.

»Das ist ein prächtiges Wetter zum Heiraten«, lässt Joseph von Eichendorff sein Alter Ego Lothario in *Dichter und ihre Gesellen* sagen, »der Altweibersommer fliegt, als hätten sich alle alte Jungfern das Haupthaar ausgerauft und in die Lüfte umhergestreut, da bleibt mancher Ritter noch mit den Sporen drin hängen. Gebt acht, es gibt eine köstliche Verwickelung.«

Das »alte Weib« ist in der Literatur oft schlecht weggekommen: zahnlos, hässlich, böse und dumm. Da ist es geradezu erfrischend, wie Eichendorff das letzte Aufbäumen des Sommers vor dem anstehenden Winter fast zärtlich mit der Wirkung einer älteren Dame auf einen jungen Spund beschreibt. Der amerikanische Dichter Walt Whitman stimmt ihm in seinem nur aus zwei Zeilen bestehenden Gedicht *Schöne Weiber* zu: »Weiber sitzen und schreiten hin und her; einige alt, einige jung; / Die jungen sind schön – aber die alten sind schöner noch als die jungen.« Das alte Weib kann also ganz anders sein, als ihm oft unterstellt wurde. Es gilt, den Begriff neu zu beschreiben, neu zu definieren: Die Science-Fiction-Autorin Ursula K. Le Guin schreibt in ihrem Essay über das »alte Weib«, *The Space Crone*, wie Frauen, wenn die Zeit der Gebärfähigkeit vorüber ist, sich selbst wieder neu erfinden müssen, neu bestimmen dürfen, wer sie sind, sein können und sein wollen. Die physische Veränderung muss keinen Verlust darstellen, sondern kann – im Gegenteil – eine Chance sein, den ewigen Transformationsprozess des Menschen bewusst wahrzunehmen und zu begreifen.

Woher der Name »Altweibersommer« stammt, lässt sich nicht eindeutig klären. Die Vermutung liegt nahe, dass er auf das *weiben* zurückgeht, was im Althochdeutschen das Knüpfen von Spinnweben beschreibt, aber auch »flattern« oder »wabern« bedeuten kann. Im Volksglauben hieß es, dass die Fäden von Feen oder Elfen gesponnen würden, die die Schicksalsfäden der Menschen knüpften und im Frühherbst auf den Wiesen verteilten. In der frühchristlichen Phase nannte man diese Fäden auch »Marienhaar« oder »Marienfäden« und glaubte, sie bestünden aus Fasern des Mantels der Mutter Gottes, den sie bei ihrer Himmelfahrt getragen habe.

Und auch heute noch hält sich der Aberglauben, dass ein junges Mädchen bald die große Liebe erfahren wird, wenn sich ein solcher Faden in ihrem Haar verfängt

Tatsächlich stammen die Fäden von der stecknadelkopfkleinen Baldachinspinne, die besonders im Spätsommer ihre Netze wie Baldachine über die Felder webt und damit zur einzigartigen Stimmung im Altweibersommer beiträgt. Spaziergänger werden häufig von ihren Flugfäden getroffen, mit deren Hilfe sich die Spinne fortbewegt. Die kleinen leichten Spinnen schießen einen Faden oder ein ganzes Bündel von Fäden in die Luft, um sich damit wie von einem Gleitschirm wegtragen zu lassen. Durch das »Luftschiffen« können die Spinnen mehr als 1000 Meter in die Luft gehoben und über mehrere Hundert Kilometer durch den Wind fortgetragen werden. Warum die Baldachinspinnen ausgerechnet während des Altweibersommers unterwegs sind? Sie fühlen das elektrostatische Feld, das in der Spannung zwischen Erde, Pflanzen und Luft generiert wird und das während der wärmeren Tage stärker aktiviert ist. Und sobald die Spinnen dies an den feinen Härchen ihrer Beine spüren, springen sie los. Die Spinnenfäden reagieren dann wie durch Kammbürsten aufgeladene Haare: Sie steigen nach oben.

Für Walter Benjamin bilden die feinen Fäden der Baldachinspinne ein ähnliches Geflecht, wie es Worte beim Lesen in ein Buch zu tun vermögen. In seinen Erinnerungen *Berliner Kindheit um Neunzehnhundert* beschreibt er, wie ihm von einem Mitschüler ein Buch gegeben wird: »An seinen Blättern aber hingen, wie Altweibersommer am Geäst der Bäume, bisweilen schwache Fäden eines Netzes, in das ich einst beim Lesenlernen mich verstrickt hatte.«

Blitz und Donner

einschlagen, erschlagen, entladen, erhellen, erleuchten

»Der Tanz war noch nicht zu Ende, als die Blitze, die wir schon lange am Horizonte leuchten gesehn und die ich immer für Wetterkühlen ausgegeben hatte, viel stärker zu werden anfingen und der Donner die Musik überstimmte. (…) Wir traten ans Fenster. Es donnerte abseitwärts, und der herrliche Regen säuselte auf das Land, und der erquickendste Wohlgeruch stieg in aller Fülle einer warmen Luft zu uns auf. Sie stand auf ihren Ellenbogen gestützt, ihr Blick durchdrang die Gegend; sie sah gen Himmel und auf mich.« Die unerklärliche Macht von Blitz, Donner und die sanfte Stille danach, kunstvoll verwoben mit der Annäherung zweier Menschen: Die Stimmung, in die Goethe seinen Leser in *Die Leiden des jungen Werther* versetzt, könnte aufwühlender und zarter nicht sein. Ob »vom Donner gerührt«, »vom Blitz getroffen« oder »die Liebe hat wie ein Blitz eingeschlagen« – Donner und Blitz taugen sehr gut, wenn es gilt, drastische Erlebnisse zu beschreiben. Doch können Donner und Blitz auch subtiler auf die Gefühle wirken. Spannungen und Entladungen der Atmosphäre übertragen sich auch auf den Menschen. Und so kann es passieren, dass wetterfühlige und sensible Menschen bei Unwettern eine knisternde Stimmung spüren, die sie in einen besonders wachen Geistes- und Sinneszustand versetzt.

Vielleicht wurde auch Mary Shelley im Sommer 1816 von einem Geistesblitz getroffen, als sie begann *Frankenstein oder Der moderne Prometheus* zu schreiben. Mary Shelley war an den Genfer See gereist, in die Sommerfrische, doch fand sie dort nur Frische und keinen Sommer. Denn ein Jahr zuvor war der Vulkan Tambora in Indonesien ausgebrochen und hatte dabei solche Staubwolken in die Atmosphäre gepustet, dass die Sonne selbst am Genfer See nur kläglich schien. Inspiriert von dieser bedrückenden Atmosphäre, ließ sie Dr. Frankenstein einen künstlichen Menschen erschaffen, den er mithilfe von Elektrizität zum Leben erweckt. Prometheus ist hier zwar durchaus als Anspielung auf die griechische Mythologie zu verstehen, in der Prometheus den Menschen gegen den Willen der Götter den Fortschritt bringt. Es ist aber auch eine schöne Anekdote, dass Immanuel Kant den US-Staatsmann Benjamin Franklin als »Prometheus der modernen Zeit« bezeichnete: Der umtriebige Franklin war neben seinem politischen Wirken auch dem Verlagswesen und der Naturwissenschaft verbunden – und galt eine Zeit lang als Entdecker der Elektrizität, weil er mithilfe eines aufsteigenden Drachen, der in eine Gewitterwolke geflogen war, elektrische Spannung nachgewiesen haben soll. Was Franklin aber auf jeden Fall erfunden hat, ist der erste Blitzableiter. Ein einfacher Draht, der vom Dach eines Gebäudes zum Boden gespannt war, nahm den Blitzen die Macht, innerhalb von Sekunden ganze Existenzen zu zerstören, indem sie Häuser mitsamt allem Hab und Gut in Brand steckten.

Vor der Erfindung des Blitzableiters hatte man sich mit allerlei Wetterzauber vor Blitzeinschlägen geschützt. Friedrich Schillers Gedicht *Die Glocke* zeugt von dem alten Volksglauben, dass Glockengeläut Blitze vertreibt: Es beginnt mit den lateinischen Zeilen, die auf der Glocke des Münsters in Schaffhausen graviert sind: »Vivos voco, / Mortuos plango, / Fulgura frango« (»Die Lebenden rufe ich, die Toten beklage ich, die Blitze breche ich«). Heute weiß man, dass Schall tatsächlich Einfluss auf das Wetter haben kann. Allerdings ist davon auszugehen, dass die Inschrift auf der Glocke der Macht Gottes huldigen sollte, der Blitze abwehren konnte, aber auch mit Blitz und Donner zu strafen wusste. Mit der Erfindung des Blitzableiters waren die Blitze – und somit in gewisser Weise auch Gottes Hoheitsmacht – entmystifiziert. Doch auch heute noch gibt es Menschen, die Angst vor Blitzen und Donner haben. Astraphobie nennt man das, und Menschen, die daran leiden, trauen sich vor Angst kaum mehr aus dem Haus.

Schon der griechische Philosoph Aristoteles fragte sich in seiner Schrift *Meteorologica*, warum es donnert und wie Schall in den Wolken entstehen kann. Vollständig gelöst ist das Rätsel noch immer nicht. Als gesichert gilt, dass sich innerhalb einer Wolke unterschiedliche Ladungszentren bilden und dabei Spannung entsteht. Werden die Ladungsunterschiede zu groß, entlädt sich eine Spannung von mehreren Hundert Millionen Volt in Richtung Erdoberfläche. Die Hitze, die dabei entsteht, ist 30 000 Grad Celsius heiß – und ist damit fünfmal so hoch wie auf der Sonnenoberfläche. Die Spannung schießt durch einen zwei bis drei Zentimeter großen Luftkanal nach unten – und der sichtbare Blitz entsteht. Der Donner wiederum bildet sich aus der Luft, die sich entlang dieses Kanals aufgrund der Hitze in Überschallgeschwindigkeit ausdehnt und beim Durchbrechen der Schallmauer einen Knall erzeugt.

Der längste Blitz der Welt war über 700 Kilometer lang und schoss 2018 über den Himmel Brasiliens. Die meisten Blitze der Welt schlagen nahe einer Flussmündung in Venezuela ein, und zwar ungefähr 1 176 000-mal im Jahr. Alexander von

Gewaltiges Naturschauspiel: Die Wissenschaft findet in diesem Fall schöne Wörter: *Funkenladung* und *Lichtbogen*. | Luigi Russolo, *Blitze* (1910); Privatsammlung

Humboldt besuchte 1859 die Mündung am Maracaibo-See und beschrieb die Blitze als »Luftvulkane«. Heute versucht man, das Lichtspektakel als Weltkulturerbe eintragen zu lassen, auch wenn Blitze vergängliche Phänomene sind – die aber durchaus materielle Manifestationen hinterlassen können. Fulgurite sind Röhrchen, die entstehen, wenn Blitze auf Sand einschlagen und die Sandkörner zu langen Röhren verschmelzen. Diese Blitzverglasungen sind bei Sammlern heiß begehrt. Als Donnerkeile dagegen bezeichnet man die fossilen Belemniten, kalmarenähnliche Lebewesen, die vor Millionen von Jahren durch Erwärmung der Ozeane in Massen ausstarben. Ihre versteinerten Körper werden seit alters her als Schutzamulett, unter anderem vor Blitzen, getragen.

Eis

 schmelzen, tauen, gefrieren, brechen, gleiten

»Ebenso wie über ihr unerschütterliches, hartnäckiges Vordringen staunte ich über die Wirkung des Lichts um die Eisberge herum. Ihre Färbung bekamen sie von der Sonne und von Wolken und Wasser. Aber ihre Dimensionen bekamen sie durch das Licht: Je kräftiger es war und je direkter es einfiel, desto stärker waren die Kontraste auf der Oberfläche des Eises und der Gegensatz zwischen Eis und Meer.« Man merkt dem US-amerikanischen Schriftsteller Barry Lopez seine tiefe Ergriffenheit an, die der Anblick des Eises bei ihm auslöst. In seinem Buch *Arktische Träume* beschreibt er die Farben des Eises eindrucksvoll genau: als grau wie Perlen oder Rauch, vulkanschwarz oder wie roher Jade. Manchmal milchig-blau bis ins volle Marineblau schattierend, je nach Dicke des Eises und seiner Nähe zum Wasser. Junge Frakturen beobachtet Lopez als glitzerndes Grünblau, während alte abgestumpfte Eisberge gräulich erscheinen. Beim Sonnenuntergang beginnen die Eisberge rosa, in verwässertem Lila und sanftem Pink zu leuchten. Es ist ein arktisches Wunderland, das er da zu Papier bringt, und er findet eine ganz eigene Sprache dafür, glasklar und durchdringend. Auch vom jungen Eis erzählt er und von dessen Vorstufen, dem Frazileis und dem Nilas, die wie nasse Seide über den Wellenkämmen liegen.

Wer vom Eis erzählt, muss auch vom Wasser sprechen. Das Element selbst, da sind sich Wissenschaftler heute fast einig, existierte bereits in der sehr frühen Entstehungsgeschichte unseres Sonnensystems. Wassermoleküle, die aus den

Atomen Wasserstoff und Sauerstoff bestehen (die zu den weitverbreitetsten Atomen des Universums zählen), lagerten sich vermutlich im Urgestein der Erde ab oder landeten mit Meteoriten auf dem Urklumpen und sickerten mit der Zeit heraus, um sich mit den Lavaströmen des jungen, wilden Planeten zu vereinen. Die Wassermoleküle verdampften an der Erdoberfläche, stiegen hinauf in die Atmosphäre, regneten herunter und formten so die Ozeane, die heute knapp 71 Prozent der Erdoberfläche ausmachen.

Wasser ist das einzige bekannte Element, das in flüssiger, gasförmiger und fester Form existiert. Und während die meisten Stoffe sich, wenn sie fest werden, zusammenziehen und verdichten, breiten sich die Moleküle im Eis, der festen Form von Wasser, aus. Der Wasserstoff streckt sich, und obgleich er mit dem Sauerstoff verbunden bleibt, hält er ihn so weit von sich entfernt, wie es nur geht. So entsteht mehr Platz in dem mikroskopisch kleinen Raum zwischen ihnen, und das Eis erhält eine geringere Dichte, wird also leichter als Wasser. Diese Anomalie ist ungemein wichtig für das Verständnis von Eis. Denn wäre es anders, würde Wasser, wenn es gefriert, von unten nach oben gefrieren – und es gäbe keine Lebewesen in Teichen und Seen, in den Flüssen, im Polarmeer.

»Kaum eine Substanz auf der Erde ist so geschmeidig, so unerwartet kompliziert, so täuschend passiv wie Eis«, zitiert Barry Lopez in seinem Buch einen Wissenschaftler. Eis, so wunderschön es auch anzusehen ist, hat eine Härte und Kälte, eine Gleichgültigkeit allem Lebenden gegenüber – und doch soll im Eis zu erfrieren der sanfteste aller Tode sein. Berichte über Nahtoderfahrungen im Eis sprechen von einer Ruhe, die sich eingestellt habe, von einem willkommen heißenden Hineinlehnen, von Leichtwerden und Loslassen.

In den Eismeeren, die unsere Pole umgeben, treibt das Eis im Winter wie im Sommer. Um Reisende vor dem kalten Tod in den Polarmeeren zu bewahren, gibt es Bücher wie das *Illustrated Glossary of Ice and Snow,* in dem die unterschiedlichen Eisflächen auf dem Wasser beschrieben und abgebildet sind. Denn für die Schifffahrt ist es eine absolute Notwendigkeit, die verschiedenen Eisarten unterscheiden zu können. So lassen sich manche Eisteppiche problemlos navigieren, während andere das Boot aufschlitzen oder es einkeilen. Dazu kommt, dass sich Eisflächen andauernd verändern können. »Aber, wie der Inuit sagt, wenn das Eis einmal erwacht nach seinem langen Winterschlaf, weiß man nicht, was passieren kann, denn die schwere Eisdecke ändert ihre Gestalt fast so schnell wie eine Wolke«, schreibt Rudyard Kipling in seinem *Zweiten Dschungelbuch.* Werden Eisflächen nicht richtig eingeschätzt, kann das fatal enden.

Heute gehört es dank der filmischen Aufbereitungen zwar zum Allgemeinwissen, doch als die *Titanic* 1912 unterging, war es noch unbekannt: Nur der Bruchteil eines Eisbergs zeigt sich über dem Wasser, während der Rest im dunklen, kalten Meer verborgen ist – vier Fünftel seiner Höhe und sieben Achtel seiner Masse, um genau zu sein. Eisberge bestehen immer aus Süßwasser und bewegen sich mit den Wasserströmen. Eisschollen dagegen formen sich aus Meerwasser und werden vom Wind auf ihre Reise geschickt. Schiffe können relativ sicher im Schatten eines Eisberges reisen; und wird in den Wintermonaten ein Eisberg in der Nähe des Landes vom umgebenden Salzeis eingefroren, nutzen die Einwohner das Eis des Berges für ihr Teewasser. Der südafrikanische Kapitän Nicholas Sloane dachte 2019 sogar darüber nach, einen Eisberg aus der Antarktis nach Capetown zu schleppen, um

für ein Jahr lang die Trinkwasserprobleme vor Ort zu lösen. In unseren Breiten ist es am ehesten ein zugefrorener Teich, der uns mit dem Eis verbindet. Und was macht der Mensch? Er erfindet den Schlittschuh und das Eislaufen – und lässt sich von der gleitenden Bewegung auf dem fremden Element in Verzückung versetzen. Womöglich wurde das Eislaufen schon vor 20.000 Jahren von Europäern gepflegt: In Frankreich fand man entsprechend alte Tierknochen, die wie Kufen geschnitzt waren. Richtig in Mode kam das Schlittschuhlaufen aber erst zur Zeit der Romantik – und dort vereinte es Goethe und Klopstock sportlich wie dichterisch: Während sie gemeinsam ihre Runden drehten, unterhielten sie sich über Sprache und Reime und hinterließen beide Gedichte über das Eislaufen. So schrieb Goethe im Jahre 1797 in *Die Eisbahn*: »Lehrling du schwankest und zauderst, und scheuest die glättere Fläche! / Nur gelassen! du wirst einst noch die Freude der Bahn.« Und auch Hermann Hesse war knapp 150 Jahre später von der Sportart angetan: »Es war ein langer, strenger Winter, und unser schöner Schwarzwaldfluss lag wochenlang hart gefroren. Ich kann das merkwürdige, gruslig-entzückte Gefühl nicht vergessen, mit dem ich am ersten bitterkalten Morgen den Fluss betrat, denn er war tief und das Eis war so klar, dass man wie durch eine dünne Glasscheibe unter sich das grüne Wasser, den Sandboden mit Steinen, die phantastisch verschlungenen Wasserpflanzen und zuweilen den dunklen Rücken eines Fisches sah.«

Lautmalerei – das ist die Nachahmung von Geräuschen in Worten, die diese Geräusche beschreiben sollen. Und dass sich die Eigenschaften des Eises besonders gut dazu eignen, zeigt schon das angelsächsische *Runengedicht* aus dem 8. oder 9. Jahrhundert. Man muss die Wörter nicht unbedingt verstehen, um ein Gespür für ihren Sinn zu bekommen – es reicht, sie auszusprechen: »Is byþ oferceald, ungemetum slidor, / glisnaþ glæshluttur gimmum gelicust, / flor forste ge oruht, fæger ansyne.« (»Eis ist sehr kalt und unermesslich rutschig, / es glänzt glasklar und ähnelt am ehesten Edelsteinen, / ein vom Frost geformter Boden, den man gerne ansieht.«) »Das eis thaut, schmilzt, kirrt, knirrt, knistert, knackt, kracht, bricht«, so geräuschvoll beschrieb das *Deutsche Wörterbuch* im 19. Jahrhundert das Eis. Und es lohnt sich zuzuhören: 2016 reiste die englische Dichterin Helen Mort nach Grönland, um am Sermiligaaq-Fjord den Gletschern zu lauschen. Dabei entstand ein ganz besonderer Gedichtband mit dem Titel *The Singing Glacier* (»Der singende Gletscher«), der dazu einlädt, genau hinzuhören: »At 4am, the Knud Rasmussen glacier / does a breathing exercise. In / then out. / It holds a note of silence / in its million, cool blue throats / and keeps it, lozenge made of cold. / It wants to sing.« Es sei noch hinzugefügt, dass hierbei Lautstärken entstehen, die der Mensch bis zu 800 Kilometer weit zu hören vermag.

Abb. S. 22–23: Kraftvolle Macht: Auf der rechten Seite des Bildes befindet sich ein gekentertes Segelschiff unter den Eisschollen. | Caspar David Friedrich, *Das Eismeer* (um 1823/24); Hamburg, Kunsthalle

fahl

 unwirklich, blass, matt, müde, winterlich

Der Ausdruck *fahl* – »von blasser Farbe, fast ohne Farbe« – ist die vielleicht wetterfühligste aller Farbbeschreibungen: ein Adjektiv, das einhergeht mit der Urstimmung des Winters, einer Leere, Stille, einem Anhalten, einer Ahnung von etwas Größerem und Endlichem. Kurz: ein Winterwort, das einer Gemütslage nachspürt, die ausgelöst wird vom Schein einer tief stehenden Sonne, die weder Schatten noch Licht erlaubt. Johann Wolfgang von Goethe formulierte bereits 1810 in seiner Schrift *Zur Farbenlehre* die Theorie, dass Farben durch die Netzhaut ins Innere des Menschen drängen und dort ein bestimmtes Gefühl auslösten. Und will man Goethe glauben, so breitet sich das fahle Licht, nachdem es sich über die Landschaft gelegt hat, auch in der Seele aus.

»'s ist ein gewisses schräges Licht / an Winternachmittagen, / das auf uns liegt wie das Gewicht / von Sang in Kathedralen.« So beschwört die amerikanische Dichterin Emily Dickinson in ihrem Gedicht *There's a certain Slant of light* die fahle Stimmung eines Winternachmittages herauf. Dieser ersten folgen drei weitere sinnliche Strophen: Das Land horcht, die Schatten halten den Atem an. Das besondere Un-Licht der Winternachmittage löst so etwas wie ein Endzeitgefühl aus; Dickinson vergleicht es mit dem Klang in Kathedralen, dem Verschwinden von Distanzen, letztendlich dem Tod. Ebendiesen solle man, so hieß es früher, im fahlen Winterlicht auch besser sehen können: Kaum mehr erkennbare Grabhügel von längst untergegangenen Kulturen werden erst im blassen, schräg fallenden Licht wieder deutlich erkennbar – bei strahlendem Sonnenschein sind sie fast unsichtbar. Fahl und der Tod, das eine gehört unweigerlich zum anderen, so scheint es. Das *Deutsche Wörterbuch* der Gebrüder Grimm beschreibt das Adjektiv fahl als »bleich, abgeblaszt, welk«. In der *Oeconomischen Encyclopädie* von Johann Georg Krünitz heißt es wiederum: »bleich, blaß, schwärzlich grau. Ein fahles Pferd. Fahl aussehen. Ein fahles Kleid. Erdfahl, mausefahl, todtenfahl.« Ohne Farbe, ohne Geschmack, ohne Leben … Fahles Licht ist nicht nur eine Erscheinung des Winters, sondern auch des Zwielichts, dieser Zwischenzeit von Tag und Nacht, in der die Grenzen zwischen dem Diesseits und dem Jenseits verschwimmen.

Es ist ein altes Wort, dieses »fahl«. In seiner angelsächsischen Urform *fealwe* taucht es in einem der frühesten Gedichte Englands auf: in *The Wanderer* aus der Gedichtanthologie *The Exeter Book* aus dem 10. Jahrhundert (wobei das Gedicht selbst noch viel älter zu sein scheint). Hier beschreibt ein einsamer, im Exil lebender Mann die winterliche Landschaft auf See, ins fahle Licht getaucht, während er vor seinem inneren Auge immer wieder Bilder seiner Kameraden am warmen Feuer heraufbeschwört, die er alle im Kampf verloren hat. Allein ist er unterwegs, allein muss er weiterleben. »Fahl« fungiert hier gleichsam als Kontrastwort zu den Erinnerungen, die lebendiger sind als seine Realität: »Dann wacht er auf, ein freundloser Mann, / vor ihm die fahlen Wellen sehend, / die Seevögel beim Baden, ihre Federn auffächernd, / Frost und Schnee fallen, mit Hagel vermengt.«

Keines der angelsächsischen Gedichte aus dieser Zeit beschreibt den Sommer – ein Umstand, auf den die englische Publizistin Alexandra Harris in ihrem Buch *Weatherland:*

Writers and Artists under English Skies aus dem Jahr 2015 hinweist. Es ist fast so, als gäbe es diese Jahreszeit nicht. Das mag daran liegen, dass man nur im Winter die Zeit fand, sich literarischen Gedanken hinzugeben, auch wenn dann mit klammen Fingern die Kälte durch die Steinmauern kroch: So mussten in manchen Klöstern die Schreiber wegen des starken Frostes ihre Arbeit unterbrechen. Das Halten des Griffels war schlichtweg nicht mehr möglich.

Während man also die Sommermonate draußen in einer Art Lichtrausch verlebte, tauchte man im Winter in eine labilere Lebensphase ein: »Im Winter, der Zeit der Geschichten, war Wärme eine unwirkliche Erinnerung. Das Gegenteil von Kälte ist in der Regel nicht die sommerliche Milde, sondern das gemeinsame Feuer im Haus«, schreibt Harris. Es galt den Winter zu überleben; dabei fungierte die Gemeinschaft als Gegenmittel zum blassen Winterlicht. Der britische Mönch Gildas, ein Zeitgenosse König Arthurs, beschreibt in seinen Werken ein Land, in dem jeden Winter die geistige Reife aufs Neue getestet werde. Es galt, dem fahlen Licht zu widerstehen, sich nicht der Winterdepression hinzugeben, einen weiteren Winter hinter sich zu lassen, den Kampf mit den Abgründen der Seele zu gewinnen.

Das ist heute nicht viel anders. Während das ebenfalls als fahl beschriebene Zwielicht nur für eine kurze Zeit während der Dämmerung anhält, bleibt das fahle Winterlicht manchmal wochenlang, von Sonnenaufgang bis Sonnenuntergang, und kann selbst in modernen, wetterunabhängigen Menschen eine Art von Schwermut auslösen, die heute pathologisch benannt ist: SAD – »Seasonal Affected Disorder«, oder auch »Winterschwermut, Winterdepression«. Menschen, die daran leiden, befällt dieses Gefühl vor allem in den lichtarmen

Monaten. Sie haben Schwierigkeiten, sich zu konzentrieren, sind lustlos, antriebslos, empfinden keinen Appetit, können schlimmstenfalls von Suizidgedanken geplagt werden.

Visuell hat niemand das fahle Winterlicht besser eingefangen als die holländischen Landschaftsmaler des 17. Jahrhunderts. Durch die Geografie der »niederen Lande« war die Aufmerksamkeit auf das flach einfallende Winterlicht geradezu verschärft. Seine Blässe ergießt sich über die fast monochromen Landschaften und der weite Himmel gibt Raum zum Hineinfühlen. Realität und Traum verschwimmen durch die Abwesenheit von Schatten.

Wie wichtig diese aber zur Orientierung sind, beschreibt die amerikanische Science-Fiction-Autorin Ursula K. Le Guin in ihrem Roman *Die linke Hand der Dunkelheit,* für den sie stapelweise Tagebücher von Teilnehmern der Antarktis-Expeditionen las. In ihrem Roman erhebt sie den Winter zu einem zusätzlichen Protagonisten, der alles bestimmt: »Es ist seltsam, dass das Tageslicht nicht ausreicht. Wir brauchen die Schatten, um gehen zu können«, lässt sie ihre Schlüsselfigur Estraven während einer mehrmonatigen Wanderung durch die Eiswüste in das Tagebuch eintragen. Das fahle, unbestimmte Winterlicht ist für Estraven und die Begleiter schlimmer als Schneesturm, gleißender Sonnenschein oder die allgegenwärtige Kälte. Das Fehlen der Schatten nagt am innersten Kern der Seele. Gefühle wie Wärme oder Aufgehobenheit erlebt man nur nachts im Zelt, neben dem prasselnden Ofen. Und es bleibt die Erkenntnis: Das blasse Wort »fahl« vermag an der schimmerndsten Substanz des Menschen zu nagen: der Seele.

Föhn

 stürmisch, heiß, stark, kräftig

»Wenn sich der Föhn erhebt aus seinen Schlünden, / Löscht man die Feuer aus, die Schiffe suchen / Eilends den Hafen, und der mächt'ge Geist / Geht ohne Schaden, spurlos, über die Erde.« Gleich in der ersten Szene von Friedrich Schillers *Wilhelm Tell* weht ein ungnädiger Wind: der Föhn. Er strömt auf den Vierwaldstätter See hinab, und niemand will bei dieser Wetterlage den flüchtenden Konrad Baumgarten über das Wasser rudern. Tell hat dadurch gleich einen starken Auftritt: Er widersetzt sich dem Wind, wie er sich auch allen anderen äußeren Einflüssen widersetzt, und rudert den Fremden über den See.

Auch heute noch hält man im Alpenland den Atem an, wenn der Föhn weht. Der Vierwaldstätter See hat mittlerweile einen extra Föhnhafen, hinter dessen verstärkten Kaimauern bei starkem Wind angelegt wird. Die Sturmchroniken der Schweiz sind voll von verheerenden Föhn-Schäden, wie sie beispielsweise am 5. Januar 1919 entstanden, als sich ein Föhnorkan auf der Alpennordseite bildete: »Der Föhn war so heftig, dass er sogar Häuser zerstörte. Lokal drehte er Waldbäume um ihre Achse und riss sie auf diese Weise aus. Auf dem Zürichsee entstanden ›Wasserhosen‹. Schwere Waldschäden am ganzen Alpennordhang.«

Der Föhn – das ist ein besonderer Wind. Er entsteht auf der Seite der Alpen, die dem Mittelmeer zugewandt ist, als feuchte Luftmasse, die dort abregnet und dann auf der anderen Seite des Berges gewissermaßen trocken wieder herunter-

Drückende Masse: Bei Föhn stürzt eine heiße Wolkenflut über die Berge. | Ferdinand Hodler, *Schynige Platte* (1909); Paris, Musée d'Orsay

fällt. Die ungewöhnliche Geschwindigkeit, mit der sie das tut, lässt sich am besten mit dem Verhalten von Wasser als träger Masse erklären. Die Luftmasse fließt wie ein langsamer Bach bis zum Berg, staut sich kurz vor dem Hindernis auf und sammelt dort potenzielle Energie an. Beim Überwinden des Hindernisses wird die angesammelte Energie dann freigesetzt und schießt mit atemberaubender Geschwindigkeit ins Tal. Auf der dem Wind zugewandten Bergseite entsteht dabei eine Föhnmauer, eine Wolkenformation, die sich oft hoch über dem Gipfel auftürmt.

Besonders wetterfühligen Menschen kündigt sich der Föhn durch Migräne und Lethargie an. Viele Studien beschäftigen sich damit, ob ein Wind allein tatsächlich ausreicht, um nicht nur der Stimmung, sondern dem ganzen Körper derart zuzusetzen. Eindeutige Ergebnisse bleiben jedoch bislang aus. Da die Erfahrung aber zeigt, dass bei Föhn Herzinfarkte eher auftreten und nach Operationen mehr Komplikationen zu erwarten sind, haben sich die Ärzte im Alpenvorland darauf eingestellt. Und bei einer Untersuchung zu den körperlichen Auswirkungen des *sharav*, des warmen Wüstenwinds Israels, konnte der Pharmakologe Felix Sulman 1974 deutliche Hinweise auf hormonelle Veränderungen sammeln, die zu Unruhe, Reizbarkeit, Schlaflosigkeit und Depressionen führen können.

Und tatsächlich klagen die Menschen im Alpenvorland über den Föhn ganz ähnlich. So schreibt Friderike Zweig in ihrer Autobiografie über ihren Mann: »[...] der Südwind, der Föhn, der von der verhangenen Landschaft den Vorhang wegriss und sie in ungeahnten Farben aufleuchten ließ, [ging] meinem Mann oft auf die Nerven.« Der feinfühlige Schriftsteller selbst beschreibt den quälenden Wind als »jenen furchtbaren

Föhn, der im Lande wühlt, der wie Fieber in das Blut schießt und wie Gottes Zorn in den Bäumen wettert«.

Ernst Jünger nennt am 20. Januar 1986 in seinem Tagebuch einen weiteren sonderbaren Aspekt des Föhns: »Auch während meines Abendspaziergangs war seltsame Stimmung – fast, als ob man sich im Stockwerk geirrt hätte. Ich sah die Alpen im Föhn.« Was er hier so treffend beschreibt, ist der merkwürdige Vergrößerungseffekt, den der warme Wind mit sich bringt. Bei Föhn wird die Luft zu einer riesigen Linse, und Objekte in der Ferne erscheinen größer und zugleich näher. Eben so, als hätte man sich im Stockwerk geirrt.

Föhnähnliche Winde gibt es aber nicht nur in den Alpen, sondern auch anderswo: den *Scirocco* in Italien, den *Chinook* in Nordamerika, den *zonda* in Argentinien, den *berg* in Südafrika oder den *bohorok* auf Sumatra. In Kalifornien gibt es die Santa-Ana-Winde oder den *Santana* – so der Name, den die dort ansässigen Native Americans dem Wind gaben. Über diesen »teuflischen Wind« schreibt Raymond Chandler: »In Nächten wie diesen endet jedes Saufgelage in einer Schlägerei. Demütige kleine Ehefrauen gleiten mit dem Finger über die Klinge des Fleischmessers und lassen prüfend den Blick über den Nacken ihrer Ehemänner schweifen. Alles ist möglich.«

heiter

Himmel, Gelassenheit, Stimmung, Abend, Moment

»Heiter bis wolkig« heißt es in den Wettervorhersagen oft. Das klingt vage und kryptisch, dahinter steckt jedoch eine sehr konkrete Bedeutung: Die World Metereological Organization (WMO) arbeitet zur Darstellung von Wettersituationen mit dem Bild eines Kreises, der mit zunehmendem Bewölkungsgrad mehr eingefärbt wird. Darin wird zwischen *wolkenlos, sonnig, heiter, leicht bewölkt, wolkig, bewölkt, stark bewölkt, fast bedeckt, bedeckt* und *Himmel nicht erkennbar* unterschieden. Entsprechend gilt: Bei »heiter« ist der Himmel zu zwei Achteln mit Wolken bedeckt, bei »stark bewölkt« schon zu sechs Achteln. Sind acht Achtel eingefärbt, sagt man, es sei »bedeckt«, die Wolkendecke also so dicht, dass nichts mehr vom Himmel zu sehen ist. Bei »Himmel nicht erkennbar« hängt dann wirklich alles so voll tiefdunkler Wolken, dass man sich wie die Dorfbewohner in jedem Asterix-Comic unwillkürlich fragt, ob einem nicht doch der Himmel auf den Kopf fallen könnte.

Im normalen Sprachgebrauch wird das Adjektiv *heiter* vor allem genutzt, wenn es eine Art von Frohsinn oder Unbeschwertheit ausdrücken soll. Joachim Ringelnatz beschreibt in seinem Gedicht *Paul Wegener* ebenjenen großen Filmregisseur auf diese Weise: »Und dann spät nachts, / Da er müde müßte sein / Nein! / Ging er noch weiter, / Tanzte, trank Wein / Bis in die helle Stunde / Weitarmig und heiter, / Mit guten und bösen Geistern im Bunde. / Ein lebendiger Roland aus Stein, / Der, was er liebt, / Gern, groß und ehrlich gibt.«

Sprachgeschichtlich war es jedoch ursprünglich der Himmel und dann erst die Stimmung, die mit dem Wort *heiter* bezeichnet wurden. Im Althochdeutschen gebrauchte man *heiter* noch im Sinne von »hell, klar, strahlend«, dementsprechend bedeutete *heitar* auch »klarer Himmel«. Johann Christoph Adelung hielt in seinem *Versuch eines vollständigen grammatisch-kritischen Wörterbuches der hochdeutschen Mundart* fest, dass »dieses Wort zu dem alten *Eit*, Feuer, und *eiten*, ›brennen, leuchten‹ gehört, und also ursprünglich ›hell‹ im weitesten Umfange der Bedeutung bedeutet«.

Diese doppelte Bedeutung von heiter lädt nun im Besondern dazu ein, einen Vergleich zwischen Wetter und menschlicher Gefühlslage in der Literatur zu ziehen. Christian Morgenstern vertrat sogar die Meinung: »Über jedem guten Buche muß das Gesicht des Lesers von Zeit zu Zeit hell werden. Die Sonne innerer Heiterkeit muß sich zuweilen von Seele zu Seele grüßen, dann ist auch im schwierigsten Falle vieles in Ordnung.«

Goethe, der die verschiedenen Himmelsphänomene sein Leben lang intensiv beobachtete, wusste sehr genau, wie er das Wetter effektvoll in seine Texte einflechten konnte. Seine Bandbreite umfasste dabei alle Lagen von dramatisch bis subtil. Und auch das heitere Wetter diente ihm als kleiner leichtfüßiger Begleiter, als er am 10. Dezember 1777 in seinem Tagebuch notierte: »Schnee eine Elle tief, der aber trug. 1 viertel nach eins droben. heitrer herrlicher Augenblick, die ganze Welt in Wolcken und Nebel und oben alles heiter. Was ist der Mensch dass du sein gedenckst.«

Heiterkeit ist ein Zustand, der Unbeschwertheit und innere Ausgeglichenheit kennzeichnet. Aber nicht jedem reicht das aus. Anton Tschechow baut in seinem Drama *Drei Schwes-*

tern die heitere Wetterlage als Stimmung direkt in die Regieanweisung ein: »Im Hause der Prosorows. Wohnzimmer, das durch Säulen vom Saal geschieden ist; draußen ist es heiter, sonnig. Man sieht, wie im Saal der Frühstückstisch gedeckt wird.« Aber die heile, friedliche Welt, die hier auch mithilfe des heiteren Wetters beschrieben wird, wird noch im selben Akt vom großspurigen Hausfreund Rode aus ihrer Beschaulichkeit gerissen: »Gratuliere! Wünsche von Herzen alles Gute. Das Wetter ist heut kapital, wirklich großartig!« Und so wie dem lebensfrohen Rode ein einfaches »heiter« nicht genügt, sehnen sich auch die drei Schwestern der Familie nach etwas Größerem. Der nuancierte Umschwung des Wetters von heiter zu fabelhaft trägt auf sehr subtile Weise zum Grundmotiv des Stückes bei.

Aber das Wetter muss nicht immer dazu dienen, die Gemütslage des beschriebenen Charakters zu unterstreichen. Manchmal ist es sogar spannender, wenn es davon abweicht oder im krassen Gegensatz dazu steht. In Tolstois *Anna Karenina* klart der Himmel zum Ende des Romans auf. Der Regen hat überall seine Spuren hinterlassen, und es sind die nassen Oberflächen, die den Glanz des heiteren Himmels widerspiegeln: »Das Wetter war heiter und klar. Den ganzen Morgen über war ein dichter, feiner Regen gefallen, und erst vor kurzem hatte es sich aufgehellt. Die Blechdächer, die Fußwegplatten, die Pflastersteine, die Räder und das Lederzeug und die Messing- und Blechteile an den Wagen, alles glänzte hell in den Strahlen der Maisonne. Es war drei Uhr, also die Zeit, wo es auf den Straßen am lebhaftesten zugeht.« Doch der helle, freundliche Schein trügt: Anna Karenina macht zwar gute Miene zum bösen Spiel und gibt sich heiter, ist aber alles andere als das und versinkt immer mehr im Nebel ihres

Heiteres Treiben: Der spanische Impressionist malte oft unter freiem Himmel am Strand seiner Heimatstadt Valencia. | Joaquín Sorolla y Bastida, *Badezeit* (1909); Madrid, Museo Sorolla

Morphium-Traums. Ihre Stimmung schwankt zwischen heiter und wolkig.

Im Roman *Die Wand* der österreichischen Schriftstellerin Marlen Haushofer nimmt das Wetter neben der Erzählerin eine ganz besondere Rolle ein, beinahe als wäre es ein weiterer Protagonist. Als die namenlose Erzählerin in einer abgelegenen Jagdhütte in einem Tal erwacht, stellt sie fest, dass sie von der Außenwelt durch eine durchsichtige Wand getrennt ist, die über Nacht erschienen ist. Sie ist vollständig isoliert, komplett auf sich allein gestellt und das wahrscheinlich für immer. Ohne Kontakt mit anderen Menschen, ohne den Gebrauch der Sprache droht ihr Verstand seine Struktur zu verlieren und zu versinken. Um dem entgegenzuwirken, führt sie stetig Tagebuch und beschreibt das Wetter – was sonst – äußerst präzise: trocken, kühl, feucht, beständig, veränderlich, unsicher, trüb, kühl, unfreundlich, günstig ... Aber heiter, heiter ist es bei ihr nie. Am Ende des Buches gehen der Protagonistin Stift und Papier aus. Sie hört auf, die Natur, die Tiere und das Wetter zu beschreiben, stattdessen wird sie Teil davon.

Hundstage

 einheizen, austrocknen, überstehen

Es gibt eine schon fast in Vergessenheit geratene Bezeichnung für die gleißend heißen Hochsommertage, an denen die Hitze zu wallen scheint und sich Gemütszustände in einem trägen, lasziven Dösen verlieren. Die Frauen seien dann am übellaunigsten und die Männer schwach, »Kopf und Knie sind ihnen ausgedörrt«, schrieb um 600 v. Chr. der antike griechische Dichter Alkaios von Lesbos, ein Zeitgenosse und möglicher Liebhaber Sapphos. Die Rede ist von den sogenannten Hundstagen, die den Zeitraum vom 23. Juli bis 23. August beschreiben. Seit alters her sind sie benannt nach den vermeintlich schlechten Eigenschaften des Hundes, die sich auch in Wörtern wie »Hundeleben«, »Hundskälte«, »hundemüde« oder sogar »hundsmiserabel« wiederfinden. Heute benutzen nur noch wenige den Ausdruck »Hundstage«, um eine vom Wetter hervorgerufene Stimmung im Kalender zu verankern, die sich über allem ausbreitet, alle Aktivitäten und jeglichen Elan der Menschen zu ersticken droht. Es ist die Zeit, in der die Luft über dem Asphalt zu sirren scheint und flimmernde Spiegelungen hervorruft, man sich beim Anfassen des Lenkrads die Finger verbrennt und der auf dem Gehweg achtlos ausgespuckte Kaugummi beim Drauftreten klebrige Fäden an den Schuhsohlen zieht.

»Wir unterhielten uns über den leeren und lautlosen Monat August. […] Alles ist kurz vor dem Niedersinken, nur das Unkraut wächst weiter, die Ackerwinden erwürgen die Sträucher, die gelben Wurzeln der Brennesseln kriechen unter der

Erde fort, die Klettenstauden überragen einen um Hauptes-
länge, die Braunfäule und die Milben breiten sich aus, und
sogar das Papier, auf dem man mühselig Wörter und Sätze
aneinanderreiht, fühlt sich an, als sei es vom Meltau überzo-
gen.« Es ist die melancholisch-matte Stimmung der Hundstage, die sich in W. G. Sebalds *Die Ringe des Saturn* über allem
ausbreitet. Ursprünglich hatte Sebald seinem Werk sogar den
Titel *Unter dem Hundsstern* geben wollen – in Anlehnung an
den Hundsstern Sirius, der, wenn er vor der Morgenröte am
Himmel auftaucht, die Hundstage einläutet.

Doch es sind nicht nur die Hundstage, die langsam aus unserem Sprachschatz verschwinden, sondern auch das Sternbild
des Hundes, *Canis Major*, das sich aufgrund seiner Eigenbe-
wegung und der Präzession der Erde langsam aus unserem
Sichtfeld entfernt. Auch wird Sirius, der Hundsstern, der
heute noch als hellster Stern leuchtet, im Jahr 235 000 n. Chr.
von Wega im Sternbild der Leier abgelöst werden. Es hat etwas Wehmütiges an sich, dass selbst im Himmel nicht alles
ewig währt.

Blickten die Ägypter im 3. Jahrtausend v. Chr. in den Mor-
genhimmel und sahen dort Sirius, wussten sie, dass der
Nil bald über die Ufer treten würde – eine gute, fruchtbare
Zeit stand bevor. Entdeckten die alten Griechen Sirius am
Himmel, sahen sie den Hundstagen nicht so erwartungsvoll
entgegen wie die Ägypter. Denn ohne einen Fluss wie den
Nil gibt es in Griechenland im trockenen Hochsommer
nur sengende Hitze, die alles verbrennt, Zikaden, die selbst
mittags keine Pause beim Zirpen einlegen, Schatten, die sich
bis auf einen feinen Strich zusammenziehen und nie genug
Flächen bieten, um Schutz vor der Sonne zu finden. Und so
ist es mehr als bloße Erlahmung, sondern drohende Gefahr,

Schier unerträgliche Hitze: Die heißen Hundstage erhielten ihren Namen vom Sternbild des »Großen Hundes«. | Angelsächsische Buchmalerei, Sternbild Sirius (11. Jahrhundert); London, British Library

wenn Homer in der *Ilias* den mordenden Achilles mit dem Auftreten von Sirius vergleicht: »Strahlenvoll wie der Stern, da er herflog durch das Gefilde, / Welcher im Herbst aufgeht, und mit überstrahlender Klarheit / Scheint vor vielen Gestirnen in dämmernder Stunde des Melkens; / Welcher Orions Hund genannt wird unter den Menschen; / Hell zwar glänzt er hervor, doch zum schädlichen Zeichen geordnet, / Denn er bringt ausdörrende Glut den elenden Menschen.«

Und offensichtlich empfanden auch die alten Römer die Hundstage als bedrohlich, wie man in Johann Georg Krünitz' *Oeconomischer Encyclopädie* erfährt: »Die Alten hielten diese Zeit für sehr gefährlich, ungesund, und Menschen, Viehe und Feldfrüchten schädlich. Insbesondere suchten die Römer solche Schädlichkeit, ihrer Meinung nach, durch Opferung eines fahlen Hundes abzuwenden, und pflegten auch um solche Zeit die Hunde zu erschlagen, weil sie von der Hitze gemeiniglich wüthend wurden. Auch noch heut zu Tage fürchten viele Leute, die nicht mehr an den Wehrwolf glauben, den Hundsstern, und sprechen seinen Nahmen nie ohne ein gewisses Entsetzen aus.« Die Tollwut, die »Werwolfkrankheit«, so glaubte man, ergriff von den Hunden vermehrt Besitz – und so wurden während der Hundstage nicht nur im alten Rom, sondern auch in der Neuzeit die Hunde erschlagen.

Die Hundstage galten aber auch für all jene, deren Naturell zum Melancholischen neigte, als besonders schwierig. Der Ursprung der Melancholie wurde jahrtausendelang in Milz und Hoden verortet, und ebenso lange galt der Hund als das am meisten von der Milz beeinflusste Tier. Und wenn sich die Melancholie wie ein schwerer Mantel über dem Gemüt solcher Menschen ausbreitete, so war allein der Hundsstern schuld. Man unterschied dabei zwischen der *melancholia generosa*, einer Art genialen Melancholie, einem Getriebensein zu poetischen und anderen intellektuellen Hochleistungen, sowie der *melancholia canina*, der »hündischen Melancholie«, die sich einfach nur als Antriebslosigkeit zeigte. Beide konnten während der Hundstage im Suizid enden. Eindrücklich hält Albrecht Dürer den Hund in seinem *Kupferstich Melencolia I* von 1514 gleich zweimal fest: einmal schlaff auf dem Boden liegend, dann als bissigen Köter – ein Banner mit dem Titel des Bildes im Maul – durch die Lüfte schwebend. In der Mitte thront ein matter und erschöpfter Engel. »Es gibt eine andere Welt, aber sie ist in dieser«, schreibt der französische Surrealist Paul Éluard über die Hundstage. Und während der Sommerhitze kann man sie spüren, diese andere Welt: Wer in ihrer Trägheit und Hitze versinkt, kann erahnen, wie sie einer Fata Morgana gleich in der flirrenden Luft erscheint. Doch zieht sie sich zurück, diese Welt, sobald man sich ihr nähert, zu aktiv wird, und so kann eine zu intensive Auseinandersetzung mit ihr dazu führen, dass man sich in der Melancholie verliert.

Matsch

 versinken, stapfen, waten, suhlen

Matsch, das ist laut Jacob und Wilhelm Grimm eine »schmie-
rige, unreinliche Halbflüssigkeit, Straßenkot, schmelzender
Schnee, zu Brei und ungenießbar gewordene Speise, auch
bildlich: ein unselbständiger Mensch«. Auch wenn er als
Phänomen natürlich schon lange vorher bekannt war, galt
Matsch im Jahr 1854, als die berühmten Brüder ihr *Deutsches
Wörterbuch* verfassten, doch noch als neues, gerade in Mode
gekommenes Wort. Bis dahin wurde es meist umgangs-
sprachlich benutzt, im Sinne von »manschen« – womit man
lautmalerisch das Geräusch wiedergab, das beim Planschen
entsteht. Theodor Fontane benutzte »Matsch« 1853 in einem Brief an Theodor Storm und beschrieb das Wort darin
als einen Ausdruck, den Berliner Freunde »untereinander
brauchten«, ähnlich wie »Strippe«, »Schippe« oder »Stulle«.
Ein halbes Jahrhundert später, bei Alfred Döblin, gehörte der
Matsch dann schon fest zum Sprachgefühl der Stadt: »Um 8
Uhr geht die Fahrt los […], stockfinster ist es draußen und
ein furchtbarer Matsch«, heißt es in *Berlin Alexanderplatz*.
Der Matsch ist die vielleicht haptischste Ausprägung des
Wetters, das sich ansonsten kaum festhalten lässt: Stets löst es
sich auf, bleibt Phänomen, eine Erscheinung, die verschwin-
det, noch während sie sich verändert und zu einer neuen
Witterung heranreift. Anders verhält sich der Matsch. Ist der
Erdboden erst einmal von einem lang anhaltenden Regen-
guss aufgeweicht, verwandelt er sich je nach Beschaffenheit
zu einer schlickigen, schlackigen Masse, in der Spuren von

allem, was sich hindurchgekämpft hat, für eine gewisse Zeit sichtbar werden.

Für Kinder oder so manchen Festivalbesucher ist das Schlammbad erquickend. Was aber, wenn sich alles in Matsch verwandelt und ein Vorwärtskommen nur noch durch Schlammmassen stakend, Matschpfützen ausweichend oder sorgsam von Erhebung zu Erhebung hüpfend möglich ist? Daniel Defoe beklagt sich in seinem Reisebericht *A Tour Through the Whole Island of Great Britain*, dass auf jeder Straße Karren, Kutschen und Wagen im Matsch versumpfen. Man solle bitte zur römischen Bauweise zurückkehren, die noch vernünftige Straßen herzustellen wusste – in der Mitte erhöht und zu den Rändern abfallend, sodass das Wasser abfließen konnte: »Das fette Vieh wird sich leichter treiben lassen und mit weniger Mühe auf den Markt kommen, und folglich an einem Tag weiter gehen und nicht sein Fleisch verschwenden und sich erhitzen und verderben, indem sie sich im Matsch und Schlamm wälzen, wie es jetzt der Fall ist.« In Defoes nach Mobilität strebendem 17. Jahrhundert legte Matsch, sobald er in zu großer Menge auftrat, die Wirtschaft lahm. Es mag daher als eine Errungenschaft der Neuzeit gelten, dass das Matschwetter aufs Land verbannt und sein Einfluss auf die Städte so vollständig wie nur möglich unterbunden wurde. Betonwüsten lassen sich selbst bei (theoretischem) Matschwetter gut navigieren. Heißt es im grimmschen *Wörterbuch* dazu noch: »Matschwetter: Wir können bei diesem Matschwetter nicht ausgehen«, muss sich der Mensch in der modernen Stadt von solchen Scherereien nicht abhalten lassen. Was ihm zupasskommt, schließlich zeichnet er sich als dynamisch, selbstständig, unabhängig, allzeit bereit aus. Mit den Füßen im Matsch zu stecken, womöglich an Ort und

Stelle festgehalten zu werden – das deckt sich nicht mit dem Selbstverständnis des urbanen Bewohners.

Und doch geht uns mit dem Zivilisieren des Matschwetters etwas verloren. Charles Dickens beginnt seinen Roman *Bleak House* (1853) mit den Sätzen: »London. Der Michaelitermin ist vorüber, und der Lordkanzler sitzt in der Lincoln's-Inn-Hall. Abscheuliches Novemberwetter. So viel Matsch in den Straßen, als ob die Wasser des Himmels sich eben erst von der neugeschaffenen Erde verlaufen hätten und es gar nichts Wunderbares wäre, wenn man einem vierzig Fuß langen Megalosaurus begegnete, wie er gerade – ein Elefant unter den Eidechsen – Holborn-Hill hinaufwatschelt.« Er schildert nicht nur eine morastige Szene, sondern lässt auch den ersten Dinosaurier der Weltliteratur erscheinen. Er zeichnet dabei ein fantastisches Bild, wie dieses Wesen, einst im Matsch der Urzeit versunken, nun wieder daraus auftaucht, und in einer völlig falschen Zeit, an einem Ort, der Millionen Jahre zuvor sein Zuhause gewesen ist, einfach seinen Weg fortsetzt. Der Megalosaurus passt so gar nicht zu diesem sonst nüchternen Gesellschaftsroman und verrät doch so viel über die Geheimnisse, die ein ordentliches Matschwetter zutage bringen kann. Matsch fungiert also wunderbar als sinnbildliches Vehikel für etwas, das im Morast der Urzeit verloren ging und nun wieder ans Tageslicht kommt. Er ist eine Substanz, die arbeitet – langsam zwar, aber dabei Erinnerungen zu speichern und wieder offenzulegen vermag. Diesen Gedanken greift der britische Naturschriftsteller Robert Macfarlane in seinem Buch *Im Unterland* auf: Er denkt darin in *deep time* (»tiefer Zeit«). *Deep time* bedeutet das Denken in größeren Zeitspannen, die sich in beide Richtungen unserer jetzigen Zeit erstrecken. Oder, wie Macfarlane schreibt: »Vielleicht zwingt uns das

Anthropozän in erster Linie dazu, in der Zeit weiterzudenken und abzuschätzen, was wir hinterlassen werden, da die derzeit angelegten Landschaften als Schicht in der Erde versinken und einst zum Unterland werden. Wie sieht die Geschichte der Zukunft aus? Was werden die zukünftigen Fossilien sein? […] Das Anthropozän stellt uns vor die denkwürdige Frage des Immunologen Jonas Salk: ›Sind wir gute Vorfahren?‹« In den modernen Städten ist uns dieses tiefe, weitreichende Denken leider abhandengekommen. Dort wurde der zähe Matsch als eine Verbindung zur *deep time*, einer Geisteshaltung, die uns aus unserer kapitalistischen Komfortzone herauskatapultiert, erstickt, überbaut und abgetragen. Wir leben in der unmittelbaren, schnellen, sofortigen Zukunft; was einst war und irgendwann einmal sein wird, kümmert uns nur wenig. Wir sind schließlich auch nur von sauberen Dingen umgeben: Essen ist stets verpackt, Kleider werden, kaum getragen, bereits wieder weggeschmissen, Häuser und Möbel sind unter Lack und Farbe. Vielleicht sollte man sich von Zeit zu Zeit Gummistiefel anziehen und bei Matschwetter eine Landpartie unternehmen. Sich die größten Pfützen suchen, im Schlamm herumsuhlen, stampfen, matschen, dem Morast frönen – alles in dem Bewusstsein, dass diese schlammige Erde uns mit der Ursuppe verbindet, die einst war, jetzt ist und weiterhin sein wird. Der Matsch bleibt: ein unbequemer, aufgeweichter Speicherort für vergangene oder unvorhersehbare Dinge.

Mikroklima

 herrschen, verbessern, verändern, erzeugen

»Die Besucher vermochten kaum zu sagen, wo das Natur-
gegebene aufhörte und das Kunsthandwerk anfing. Salons
wechselten ab mit Wintergärten, luftige Foyers mit Veranden.
Es gab Korridore, die in einer Farngrotte mit immerzu plät-
schernden Brunnen zusammentrafen, überlaute Gartengän-
ge, die sich kreuzten unter der Kuppel einer phantastischen
Moschee [...]. Palmenhäuser und Orangerien [...], die
Stieglitze in den Volieren und die Nachtigallen im Garten, die
Teppicharabesken und die von Buchsbaumhecken eingefaß-
ten Blumenparterres, all das changierte in einer Weise, daß
die Illusion einer vollkommenen Harmonie hervorgerufen
wurde zwischen natürlichem Wachstum und Fabrikation.«
So hält W. G. Sebald in seinem Werk *Die Ringe des Saturn*
das englische Anwesen Somerleyton fest, in dem exotische
Landschaften mit heimatlichen Marschländern verwebt sind,
in dem man von einer Klimazone in die nächste spaziert, die
belebt und bestückt sind mit Pflanzen und Tieren, ein Tau-
mel der Sinneseindrücke und der Lust. In einer Nacht geht
all das unter, das Haus geht in Flammen auf und nichts bleibt.
Was hier gleich einer Wunderkammer absurd und auch fas-
zinierend anmutet, ist ein herrlich exzentrisches Beispiel für
verschiedene, künstlich erschaffene Mikroklimata. Ein Mikroklima ist ein Klima, das an einem begrenzten Ort herrscht
und das von dem umliegenden Klima abweicht – aufgrund
anderer Bodenbeschaffenheit, anderem Pflanzenbewuchs,
anderer Lichtverhältnisse oder Luftbewegungen. Vor allem

Temperaturabweichungen sind ein deutlicher Hinweis auf ein Mikroklima.

Anfang der 1990er-Jahre wurde im Zuge eines gigantischen Versuchsaufbaus in der Wüste Arizonas ein anderer künstlicher Ort mit wechselnden Mikroklimata – Regenwald, Savanne, Sumpf, Geröllwüste, Meer – erschaffen. Unter der riesigen Kuppel von Biosphäre 2 sollten Menschen, Pflanzen und Tiere wie in einer verkleinerten Version der Erde leben. Der Versuch scheiterte jedoch kläglich: Vor allem die Kakerlaken und Milben vermehrten sich prächtig, die freiwilligen Probanden hingegen litten an Unterernährung, der Sauerstoffanteil in der Luft sank dramatisch. Verschiedene Mikroklimata unter einen Hut oder eine Kuppel zu bringen, lernten die Forscher daraus, ist weit komplizierter als gedacht.

In der Natur finden sich allerdings diverse Mikroklimata in unmittelbarer Nachbarschaft nebeneinander. Sie sind wie Taschen an einem Mantel mit ganz eigenem Innenleben. Ein Mikroklima kann sich auf kleinstem Raum entwickeln und, nimmt man es wahr, auch für seine besonderen Eigenschaften genutzt werden: Auf Bauernhöfen kann zum Beispiel das Räkeln einer Katze Aufschluss darüber geben, an welchen Orten sich die Luft schneller erwärmt und wo man entsprechende Nutz- oder Zierpflanzen anbauen kann. Permakultur-Gärtner pflegen diese Beobachtungsgabe und legen ihre Gärten entsprechend an: Wein kann entlang einer dem Süden zugewandten Backsteinmauer ranken, auch wenn darum herum der kalte Wind pfeift, genauso wie die Feigenbäume auf den Terrassen vor dem Schloss Sanssouci in Potsdam prächtig gedeihen und Brandenburgs Arkadien einen Hauch von Italien verleihen. Überhaupt gilt das ganze Havelland als einzigartiges Mikroklima, entlang des mäandernden Flusses, den vielen Seen und dem sandigen Boden, der die Wärme so gut speichert, dass dort besonders schmackhaftes Obst wächst: Nicht ohne Grund sind Herrn von Ribbecks Birnen aus Theodor Fontanes berühmtem Gedicht so begehrt. Ganz ähnlich ist es in den Weinbergen an den Nord- und Osthängen des Genfer Sees, deren Terrassen von der UNESCO als Weltkulturerbe ausgezeichnet sind. Die Bauern dort sprechen von drei Sonnen, die ihre Reben reifen lassen: die direkte Sonneneinstrahlung, das vom See reflektierte Sonnenlicht und die Wärme der Sonne, die im Jura-Gestein der Hänge gespeichert und nachts abgegeben wird.

In England wird aktuell die Bedeutung von Zufluchtsorten untersucht, die Tiere und Pflanzen aufgrund der dort abweichenden klimatischen Bedingungen aufsuchen. In Zeiten der Klimaerwärmung finden sie dort einen lebenswichtigen Unterschlupf. Unmittelbar neben ihren eigentlichen Habitaten bieten solche Orte, an denen es minimal kälter, feuchter oder windstiller ist, einen geschützten Lebensraum, der besonders von zartflügeligen Schmetterlingen und anderen Insekten genutzt wird. Dazu gehören auch die sogenannten Hohlwege, die der britische Naturschriftsteller Robert Macfarlane in seinem Werk *Alte Wege* beschreibt und die ganz England durchziehen. Hohlwege sind uralte unbefestigte Wege, die bis zu mehrere Meter tief in der Erde liegen und durch die Nutzung von Fahrzeugen und Bodenerosion über lange Zeit hinweg entstanden sind, eingefasst von fast undurchdringbarem Gestrüpp. Diese Wege sind oft feuchter und dunkler und weisen ein anderes Klima als ihre Umgebung auf. Die verschiedensten Lebewesen fühlen sich genau darum hier heimisch. Und auch der Mensch macht interessante Erfahrungen, wenn er einen solchen Hohlweg betritt. Schattig und windig ist es dort, wie in einer ganz eigenen, anderen Welt.» Wir brauchen dringend einen Begriff für jene Orte des ›Übergangs‹ innerhalb einer Landschaft [...], Orte, an denen wir spürbar anders denken und fühlen. [...]. Solche Momente sind Übergänge, die die Geografie derart verwandeln, dass bekannte Orte befremdlich oder beschleunigt scheinen.« Manchmal ist es nur ein einziger Schritt in eine andere Umgebung. Man betritt ein neues Mikroklima mit seiner eigenen Biodiversität – und das Unvorhergesehene, das andere kann geschehen. Sich solchen Erfahrungen hinzugeben, sie als wertvoll zu betrachten, ist Macfarlanes Empfehlung.

Ganz anders funktionieren dagegen Städte, die ebenfalls ihr ganz eigenes Klima produzieren. Von der US-amerikanischen Stadt Atlanta weiß man zum Beispiel, dass die Anzahl der Gewitter proportional zum Straßenverkehr ansteigt – je mehr Autos auf den Straßen unterwegs sind, desto mehr gewittert es in der Luft. Tokio ist immer um zwei Grad Celsius wärmer als die umliegenden Regionen. Und in Los Angeles müssen jährlich 100 Millionen Dollar an zusätzlichen Energiekosten ausgegeben werden, um das durch Straßenverkehr, Betonwüste und (ironischerweise) Klimaanlagen verursachte warme Mikroklima wieder auszugleichen. Innerhalb der Disziplin der Stadtplanung gibt es sogar eine eigene Kategorie, die sich nur mit der Frage beschäftigt, wie das städtische Mikroklima für den Konsum genutzt werden kann. Bei Stadtplanern in Australien klingt das dann so: » Die Häufigkeit von Impulskäufen und letztlich der Gesamterfolg der meisten Unternehmen in tropischen Städten hängen möglicherweise mit dem lokalen Mikroklima zusammen. So kann die Ausrichtung der Straßen in Bezug auf die Sonnen-

und Windexposition dieses beeinflussen. Dies kann dann darüber entscheiden, ob die Menschen bleiben und nach dem Mittagessen einen zweiten Kaffee oder ein zusätzliches Eis zu sich nehmen oder ob sie Straßen meiden, weil sie zu exponiert und zu heiß sind.«

Und dann gibt es noch das Mikroklima unter Tage. »Wetter« nennt man die Atmosphäre in Bergstollen. Und hier geht es weder um Verkauf, Optimierung von Pflanzen noch um Unterschlupf, hier geht es ums reine Überleben: Ändert sich in den Gruben das Gasgemisch in der Luft, wandelt sich das Mikroklima – manchmal innerhalb eines Atemzuges – und dann gilt es, die Flucht zu ergreifen.

Morgenrot

 leuchten, strahlen, träumen, erwachen, singen, tanzen

»Die Brise in der Morgendämmerung hat Geheimnisse zu verraten / Schlaf nicht wieder ein! / Du musst um das bitten, was Du wirklich willst. / Schlaf nicht wieder ein! / Die Menschen gehen hin und her / über die Schwelle, wo sich die beiden Welten berühren, / Die Tür ist rund und offen / Schlaf nicht wieder ein!« Die Dringlichkeit, mit der der persische Sufi-Mystiker Rūmī die Bedeutung des Sonnenaufgangs für den Beobachter beschreibt, geht unter die Haut: Nutze den Moment der Erkenntnis und der neuen Möglichkeit! Morgenröte signalisiert immer Hoffnung. Ein Blick zum Himmel und der Neuanfang ist gewiss, ein neuer Tag, eine neue Chance. Dinge können sich zum Guten wenden. Sieh in den Himmel, er macht es dir vor. Welche Kraft. Und so dichtete auch Eduard Mörike um 1860: »In dieser Winterfrühe / Wie ist mir doch zumut! / O Morgenrot, ich glühe / Von deinem Jugendblut. / Es glüht der alte Felsen, / Und Wald und Burg zumal, / Berauschte Nebel wälzen / Sich jäh hinab das Tal.« Und während beim Anblick des Morgenrots beim Betrachter die Hoffnung gedeiht, so reift beim Einzug des Abendrots die Dankbarkeit heran, einen weiteren Tag auf dieser Erde erlebt zu haben. Obwohl – oder gerade weil – diese Zeit des Tages im Französischen auch als *entre chien et loup* (»zwischen Hund und Wolf«) bezeichnet wird: Die Konturen verwischen und die Urteilskraft lässt nach. Sie beide, Hoffnung und Dankbarkeit, umklammern den Tag. So sind Morgenrot und Abendrot auch bei den antiken Griechen ein

Paar: Astraios, der Gott der Abenddämmerung, ehelichte Eos, die Göttin der Morgenröte, ihre gemeinsamen Kinder tragen die Namen der vier Winde.

Es ist eine wundersame Choreografie, die sich da bei Sonnenauf- und Sonnenuntergang am Himmel entfaltet: die ineinander verschmelzende, strahlende Farbpalette der Orange-, Rot- und Goldtöne. Mit Worten ist das spektakuläre Schauspiel des Morgen- und Abendrots kaum zu beschreiben. Wissenschaftlich erklären kann man es sehr wohl. Das Morgenrot beginnt eine halbe bis Dreiviertelstunde, bevor die Sonne am Horizont erscheint. Da das Licht zu diesem Zeitpunkt einen vergleichsweise langen Weg von der Sonne zur Erde zurücklegt, sind es die langwelligen rötlich-violetten Strahlen, die das menschliche Auge erreichen (im Gegensatz zu den bläulichen kurzwelligen Strahlen des Mittagslichts). Der zweite notwendige Faktor ist der flache Einfallswinkel der Sonnenstrahlen. Die sogenannte Rayleigh-Streuung entsteht nur, wenn das Licht in einem Winkel von etwa acht Grad unterhalb bis sechs Grad oberhalb des Horizonts auf die Erde fällt. Die Intensität der Färbung hängt dabei ganz vom Wetter ab – genauer gesagt von der Anzahl der Luftmoleküle, die sich je nach Witterung in der Atmosphäre befinden: Wasserpartikel können den Effekt verstärken, aber auch Staubteilchen, Smog, aufgewirbelter Wüstensand oder Asche von einem Vulkanausbruch. Abends kann bei bestimmten meteorologischen Voraussetzungen dasselbe Phänomen noch einmal beobachtet werden, nur in umgekehrter Reihenfolge. Die Sonne sinkt unter den Horizont, der Einfallswinkel des Lichts wird flacher, der Weg des Lichts durch die Atmosphäre wird länger (blaue Lichtanteile werden weggestreut), rote Luftpartikel schwingen, et voilà: Abendrot.

Die kanadische Autorin Margaret Atwood traut sich in ihrem dystopischen Roman *Der Report der Magd* zu hinterfragen, ob es tatsächlich so ist, wie wir es mit unseren Worten ausdrücken, nämlich dass die Sonne am Morgen »aufsteigt« und die Nacht am Abend »hereinbricht«: »Die Nacht bricht herein. Oder ist hereingebrochen. Wie kommt es, dass die Nacht hereinbricht statt heraufzusteigen wie die Morgendämmerung? Wenn man bei Sonnenuntergang nach Osten schaut, sieht man, wie die Nacht heraufsteigt und nicht hereinbricht; Dunkelheit, die sich in den Himmel hebt, vom Horizont aufwärts, wie eine schwarze Sonne hinter einer Wolkenbank.« Es scheint so, als wäre der Tag, als Symbol für das Gute, eine sanfte, sich entwickelnde Kraft und die Nacht, das Böse, eine unabwendbare brachiale Macht, der nichts entgegenzusetzen ist. Wer Atwoods Roman kennt, weiß, dass es ihr um gesellschaftliche Fragen geht. Hat individuelle Freiheit die Chance, sich durchzusetzen? Ist das totalitäre System eine absolute Macht? Selbst bei solch essenziellen Fragen bringt ein Blick in den Himmel die Erkenntnis: Auch die Dunkelheit ist vom Horizont aufgestiegen und nicht – wie gefühlt und beschworen – auf die Welt herabgefallen. Auch das totalitäre System hat sich einst entwickelt, wurde vom Menschen zu seinen Zwecken hervorgebracht – und unterliegt damit den Gesetzen der Verwundbarkeit und des Zerfalls.

Und so bleibt es ein Kreislauf, Gut und Böse, Hell und Dunkel wechseln sich ab. Jeden Abend endet der Tag, manchmal dank der richtigen Wettervoraussetzungen mit faszinierendem Abendrot und manchmal ganz unromantisch als simpler Sonnenuntergang. Nur bei den Hawaiianern beginnt der Tag mit dem Abend, denn dort wird erst geträumt – und dann gelebt.

Demut und Hoffnung: Das atemberaubende Farbenspiel der Morgen-
röte symbolisiert den Neuanfang. | Ferdinand Hodler, *Die Bucht
von Genf mit dem Mont-Blanc vor Sonnenaufgang* (1918); Solothurn,
Kunstmuseum

Nebel

 versinken, tauchen, hüllen, wabern, wallen, lichten

Das *Deutsche Wörterbuch* von Jacob und Wilhelm Grimm aus dem Jahr 1854 enthält Einträge zu: *Nebelgebirge, Nebelgefilde, Nebelgeist, Nebelgestirn, Nebelhauch, Nebelinsel, Nebelnacht, Nebelschwade, Nebelsee* und *Nebelstern.* Über Letzteren steht geschrieben: »Und blinken die himmlischen nebel-sterne der vergangenheit über dem dicken nachtnebel der gegenwart.« Es ist in der Tat ein altes Wort, *Nebel.* Es taucht zunächst als *nábha* (Dunst, Feuchtigkeit, Wolke, Nebel) im Altindischen auf, wallt als *néphos* (Wolke, Gewölk) ins Altgriechische, zieht als *nebo* weiter ins Altslawische, um sich dann als *nebul* im Althochdeutschen zu verdichten. Im Altisländischen lichtet sich der *njōl* wieder und spielt als *nifl-heimr* im Weltbild der nordischen Göttersagen eine gewichtige Rolle. Denn die »Nebelwelt« ist der Ort, an dem alle Flüsse der Erde entspringen: »Vor vielen Zeitaltern, als die Erde geschaffen wurde, entstand auch Niflheim (die Ne-belwelt), und in seiner Mitte liegt die Quelle, die Hvergelmir heißt. Aus ihr entspringen die Flüsse mit diesen Namen: Svöl, Gunnthrá, Fjörm, Fimbulthul, Slíðr und Hríð, Sylgr und Ylgr, Víð, Leiptr. Gjöll ist der Pforte zur Hel am nächsten.« So schrieb der isländische Dichter und Verfasser der *Snorra-Edda* Snorri Sturluson im 13. Jahrhundert – und griff in seinem Schöpfungsmythos auch auf kosmische Ursprünge zurück. Denn Niflheim, die Welt des Nebels, und der Gegen-pol Muspellsheim, die Welt des Feuers, entstanden aus dem Ginnungagap, dem großen Nichts, in dem die Menschen damals wie heute in sternenklaren Nächten mit bloßem Auge die kosmischen Nebel erkennen können. Heute wissen wir, dass in den Sternennebeln im Weltall tatsächlich neue Welten erwachen.

Physikalisch gesehen ist es das Zusammenspiel von Luftfeuchtigkeit und Temperatur, das Nebel entstehen lässt. Bei Abkühlung von wassergetränkter Luft legen sich kondensierte Wassertropfen um kleine Kondensationskerne, die dann gemeinsam zu Boden sinken. So bildet sich Nebel häufig nachts und besonders oft in Jahreszeiten mit sehr unterschiedlicher Tages- und Nachttemperatur. Außerdem entsteht er vorzugsweise dort, wo der Boden feucht ist, also in der Nähe von Gewässern, Mooren, in Küstennähe, aber auch im Gebirge, wo kalte und warme Fronten aufeinanderstoßen. Die kleine Form des Nebels ist der Dunst – sie unterscheiden sich in der Sichtweite, die sie zulassen: Beträgt sie mehr als einen Kilometer, ist die Trübung der Luft Dunst, ist sie geringer, spricht man von Nebel.

Als physikalischer Feuchtigkeitsspeicher kann Nebel zur lebensspendenden Substanz werden. Das Wasser aus der vom Nebel angereicherten Luft herauszufiltern, gehört zur Überlebensstrategie mancherlei Lebewesen: Die Wüste Namib ist bekannt für die Nebelschwaden, die an durchschnittlich 200 Morgen des Jahres ein beeindruckendes Naturschauspiel bieten. Sobald in diesen kühlen Morgenstunden der Nebel über die Sanddünen steigt, erklimmt der Nebeltrinkerkäfer die Dünenkämme und streckt sein Hinterteil in die Luft, an dem die vorbeiwallenden Nebeltröpfchen hängen bleiben, kondensieren und seinen gepanzerten Körper hinunterfließen, um ihm schließlich Bacchus gleich in den Mund zu tropfen. In den Küstenstädten entlang der trockenen Pazifikküste

Perus sind es wiederum die Menschen, die mit riesigen, an den Berghängen aufgespannten Netzen das Wasser aus dem Nebel sammeln. Allerdings ist die Luftverschmutzung rund um die Hauptstadt Lima so hoch, dass dieses Wasser dort nur für die Bewässerung der Felder verwendet werden kann. Neben diesem ganz praktischen Nutzen hat der Nebel auch symbolische Macht. Wenn der Mensch die Dinge nicht sehen und begreifen kann, verunsichert ihn das zutiefst. Und in diesem Sinn ist der Nebel ein hervorragendes Vehikel, um mit den Urängsten des Menschen zu spielen. Im Nebel regt der Verlust der Sichtweite die Fantasie an: Wesen, die der Vorstellungskraft entspringen, nehmen plötzlich Gestalt an, tanzen schemenhaft aus den verborgenen Spalten und dunklen Ecken der Gedankenwelten hervor, entfleuchen der dumpfen Ahnung und verdichten sich zu einem unheimlichen, aber akuten Gefühl. Auch die Tatsache, dass dunkle Töne besser durch den Nebel dringen (ein Effekt, auf den die Funktion von Nebelhörnern baut), trägt wahrscheinlich zur Mythenbildung bei: Helle, klare Töne werden wegen der vielen kleinen Partikel in der Nebelluft »geschluckt«, sie werden einfach nicht weitergetragen, dunkle Laute dagegen schon. Und diese gehen aufgrund ihrer tiefen Frequenz buchstäblich durch Mark und Bein.

Und so haben sich Literatur, Film und Videospiel – mal mehr, mal weniger subtil – schon immer des Nebels als Stimmungsmacher bedient. Dass Unheimliches im Nebel lauert, ist eines der Leitthemen im dritten Roman über den legendären Detektiv Sherlock Holmes, *Der Hund von Baskerville*, von Sir Arthur Conan Doyle. Ein Auszug aus Doktor Watsons Tagebuch vom 16. Oktober darin lautet: »Ein trüber, nebeliger Tag mit unaufhörlichem Sprühregen. Das Haus ist in schwere

Nebel über London: Eigentlich zur Romantik gehörend, beeinflusste der englische Maler mit seiner Entwicklung zu immer weniger gegenständlichen Seestücken aus Licht und Atmosphäre die französischen Impressionisten. | J. M. W. Turner, *Die Themse oberhalb der Waterloo Bridge* (um 1830/35); London, Tate

Wolken gehüllt, die sich von Zeit zu Zeit lichten und dann einen Blick auf die öden Wellenlinien der Moorlandschaft eröffnen [...]. Mir selber ist das Herz schwer, und ich habe das Gefühl, dass eine Gefahr droht – eine immer gegenwärtige Gefahr, die umso furchtbarer ist, da ich nicht angeben kann, worin sie besteht.« Die im Nebel lauernde Bestie erscheint durch die eingeschränkte Fernsicht noch viel schrecklicher und fataler, als sie es bei hellem Sonnenschein oder in einer mondbeschienenen Nacht der Fall wäre.

Das PlayStation-Spiel *Silent Hill* aus den 1990er-Jahren bediente sich eigentlich des Nebels, um die noch sehr trägen Renderingzeiten zu verkürzen, die auf die damals noch relativ niedrige Rechenleistung der Chips zurückzuführen war. Indem die Spieleentwickler die Hintergründe unscharf und vage hielten, ließen sich die Aktionen im Vordergrund besser und schneller darstellen. Der immer präsente gespenstische Nebel in *Silent Hill*, der ursprünglich ein technisches Mittel zum Zweck war, wurde bald zum ikonischen Leitmotiv des Spiels, das sich atmosphärisch über die gesamte Geschichte legt.

Als verhüllendes Element wird der Nebel sowohl in der Fiktion als auch in der Wirklichkeit angewendet. In der altirischen Mythologie verbirgt sich das legendäre Volk der Tuatha Dé Danann mit dem mystischen Nebel *féth fíada* vor den Menschenaugen. Auch der Zwerg Alberich im *Nibelungenlied* trägt eine Tarnkappe, die eigentlich Nebelkappe genannt wird und keine Kopfbedeckung, sondern vielmehr ein Umhang ist, der den gesamten Körper verhüllt. »Nacht und Nebel – niemand gleich!«, sagt Alberich dann auch in Richard Wagners Oper *Rheingold*, als sich statt seiner eine Nebelsäule auftut. »Bei Nacht und Nebel« hätte auch das

Motto der Discos der 1980er-Jahre lauten können, als sie die schwitzenden Körper auf den Tanzflächen in künstlichen Nebelschwaden versinken ließen.

Fast mutet es an wie eine Szene aus einem James-Bond-Film, doch auch in der modernen Kriegsführung wurde Nebel eingesetzt: Den Nazis gelang es tatsächlich, die Insel Peenemünde vor feindlichen Fliegerangriffen im Nebel zu verbergen. Die dort verborgene Heeresversuchsanstalt, deren technische Leitung Wernher von Braun innehatte, beherbergte die erste von Menschenhand geschaffene Rakete, die in den Weltraum flog (weshalb Peenemünde auch heute noch als Wiege der Raumfahrt gilt). Für den künstlichen Nebelschutz wurde von russischen Hilfsarbeitern fässerweise Nebelsäure auf das Meer gekippt, ein Gemisch aus Chlorsulfonsäure und Schwefeltrioxid, das hygroskopisch reagiert und die Schleimhäute verätzt.

Der Nebel ist das Reich des Vagen. Formen, Konturen in ihm sind durchscheinend grau, unbestimmt, verschwommen. Was ist gut, was ist schlecht? Man will es manchmal gar nicht so genau wissen, und auch dafür steht der Nebel symbolisch: für die Möglichkeit, Dinge einfach hinzunehmen, sie nicht zu hinterfragen, Zustände ungeklärt zu belassen. In ihrem Buch *Good Citizens Need Not Fear* greift die kanadisch-ukrainische Schriftstellerin Maria Reva eine Szene aus dem preisgekrönten sowjetischen Zeichentrickfilm *Igel im Nebel* auf, um sich damit einer reiferen Frage zu stellen: Will man wirklich alles wissen? »Auf dem Weg, seinen Freund zum Tee zu besuchen, verirrt sich Igel im Nebel, der aus dem Wald aufsteigt. Es sind nicht der Nebel oder der Wald, die mich beunruhigen, obwohl sie Igel beunruhigen; was mich beunruhigt, ist Folgendes: Igel sieht ein weißes Pferd und fragt sich, ob es ertrinken würde, wenn es im Nebel einschliefe. Ich habe die Frage nie verstanden. Ich vermute, was Igel meint, ist: Wenn das weiße Pferd aufhört, sich zu bewegen, würde man es im weißen Nebel nicht mehr sehen können. Aber wenn man es nicht mehr sieht, in welchem Zustand ist es dann? Ist es ertrunken oder nicht? Tot oder lebendig? Die Frage ist, ob Igel es vorzieht, den Nebel zu bewahren oder ihn zu lüften, um zu entdecken, was sich hinter seinem dichten Schleier verbirgt. Ich würde den Nebel behalten.«

Phänologie

 Blütenbiologie, Meteorologie

Phänologie ist ein Begriff, der 1849 von dem belgischen Botaniker Charles François Antoine Morren geprägt wurde und die Kunst des Beobachtens von Lebenszyklusphasen bezeichnet. Das Wort selbst stammt aus dem Altgriechischen und bedeutet so viel wie »Lehre der Erscheinungen«. Beobachtet werden hierbei Pflanzen und Tiere, genauer gesagt: ihr Verhalten zu bestimmten Jahreszeiten. Und dabei spielen Wetter- und Klimaverhältnisse eine entscheidende Rolle. Die gesammelten Daten werden in einen sogenannten phänologischen Kalender eingetragen, der nicht aus vier, sondern aus zehn Jahreszeiten besteht: von Vorfrühling und Erstfrühling über Hochsommer und Spätsommer bis hin zu Spätherbst und Winter. Sogenannte Zeigerpflanzen stehen jeweils für das Einsetzen einer neuen Phase: Schneeglöckchen, Forsythien, Apfelblüte, Holunder, Lindenblüte, reifer Frühapfel, Holunderfrüchte, Walnüsse, sich verfärbendes Eichenlaub und zuletzt fallendes Eichenlaub. In der Tierwelt beobachtet die Phänologie beispielsweise das Einsetzen des ersten Summens von Bienen, das Brummen der Maikäfer, das Balzverhalten bestimmter Vogelarten oder aber, welche Schmetterlinge zuerst ausfliegen. Aufgegriffen werden solche Vorboten oft in alten Volksliedern wie *Bunt sind schon die Wälder* oder Gedichten wie Joseph von Eichendorffs *Schneeglöckchen*. Es hat etwas Poetisches an sich, dass die ersten phänologischen Beobachtungen in Sprichwörtern, Bauernweisheiten und Lyrik stattfanden.

Vor allem in der japanischen Dichtkunst gibt es ein ausgeprägtes Bewusstsein für den Verlauf und die Vergänglichkeit der Jahreszeiten. Seit Beginn der dortigen Schriftkultur werden Beschreibungen von Pflanzen und Tieren verwendet, um eine bestimmte Jahreszeit heraufzubeschwören: So gilt der röhrende Hirsch als klares Indiz für den Herbst, und die Zikaden sind ein Symbol für den Sommer. Zu diesen *kigo*, den »Jahreszeitenwörtern«, gibt es detaillierte Tabellen, die diese standardisieren. Berühmt ist Japan vor allem für seine *sakura*, die Kirschblüte, die eindeutig für den Frühling steht. An den zwei bis vier Tagen, die die Bäume in voller Pracht erblühen, lässt sich am besten verstehen, was die Japaner mit *mono no aware* beschreiben, jenes Bewusstsein um die Vergänglichkeit aller Dinge. Im 11. Jahrhundert schrieb die Hofdame Murasaki Shikibu in ihrem Roman *Die Geschichte vom Prinzen Genji*: »Viel spricht für die Kirschblüten, aber sie scheinen so unbeständig. So rasch sind sie auf und davon. Doch gerade dann, wenn das Bedauern darüber am stärksten ist, blüht die Glyzinie auf, und sie blüht bis in den Sommer hinein. Es gibt nichts Vergleichbares. Selbst die Farbe ist auf gewisse Weise gesellig und einladend.« Es ist nicht nur das kurze Aufblühen der Schönheit, das hier das Gemüt berührt, sondern auch die Schnelllebigkeit des menschlichen Gefühls, das sich sogleich dem nächsten erhabenen Moment zuzuwenden vermag. Und der kurze Moment wird gefeiert: Damals wie heute gleicht die Kirschblüte in Japan einem Volksfest. Man trifft sich, trinkt und taucht gemeinsam ein in dieses Gefühl, dass nichts auf Erden ewig bleibt. Die Kirschblüte ist die beliebteste Reisezeit im Land und tatsächlich wird ihr Verlauf von Süden nach Norden täglich vom Wetterdienst bekannt gegeben.

Während Wissenschaftler Tagebucheinträge, Gedichtsammlungen und Chroniken, die bis ins 8. Jahrhundert zurückreichen, sichteten, um mehr über die japanische Kirschblüte und die japanische Phänologie zu erfahren, wird für die Erforschung der Phänologie in Europa auf andere Daten zurückgegriffen: In Burgund werden die Winzer-Aufzeichnungen für den Pinot Noir, die bis ins 14. Jahrhundert zurückreichen, interpretiert; in der Schweiz wird seit 1808 die Blattentfaltung von Kastanienbäumen aufgezeichnet, um so den Frühlingsanfang zu bestimmen; und in Deutschland sind es die ersten Haselblüten, die seit 1896 penibel protokolliert werden. Damals war es Mode, dass auch Privatleute in sogenannten Almanachen Naturbeobachtungen notierten – nicht nur zu Pflanzenwuchs und Tierverhalten, sondern auch, wie W. G. Sebald in seinem Essay-Band *Logis in einem Landhaus* festhält, über Wettererscheinungen: Er schreibt davon, dass sein Großvater »die Gewohnheit hatte, auf jeden Jahreswechsel einen Kempter Kalender zu kaufen, in welchen er dann […] den ersten Frost, den ersten Schneefall, den Einbruch des Föhns, Gewitter, Hagelschlag und ähnliches mehr mit dem Tintenblei vermerkte«.

Auf der anderen Seite des Atlantiks wanderte der Schriftsteller Henry David Thoreau täglich um einen kleinen Teich, den Walden Pond. Zwei Jahre lang zog er sich dorthin zurück und lebte in einer selbst gebauten Hütte. Allein in der Natur beobachtete er die Äste, Blätter und Tiere um sich herum und hielt seine Entdeckungen in einem Tagebuch fest, das später zu *Walden oder Leben in den Wäldern* werden sollte. »Durch kein Wetter ließ ich mich je von meinen Spaziergängen oder vielmehr von meinen Streifzügen abschrecken, denn oft stampfte ich acht bis zehn Meilen durch den tiefsten Schnee, um eine Verabredung mit einer Buche, mit einer Gelbbirke oder mit einer alten Bekannten unter den Tannen einzuhalten.« Alle diese »Gespräche« mit den Bäumen stellte er später in einer Tabelle zusammen. Diese Daten werden noch heute zur Hilfe genommen, um Rückschlüsse auf die Klimaentwicklung zu ziehen. Auch seine Zeitgenossin Emily Dickinson interessierte sich für die Natur und die Phänologie im Besonderen: In Herbarien sammelte die amerikanische Dichterin Pflanzen und beschriftete sie ausführlich. Wie wertvoll solche Sammlungen sind, zeigen die sechs Millionen Einträge aus historischen Herbarien, die heute in Australien ausgewertet werden, um anhand der Phänologie etwas über die Entwicklung des Klimawandels zu lernen.

Ein besonders schönes Beispiel aus der phänologischen Wissenschaft des 18. Jahrhunderts ist das *Horologium florae* von Carl von Linné. Hierbei handelt es sich um eine Uhr, auf der man anhand von Blüten, die sich zu gegebener Stunde öffneten, die Tageszeiten lesen konnte. Nach einem ganz ähnlichen Prinzip funktioniert auch die phänologische Uhr, anhand derer man auch heute noch die natürlichen Jahreszeiten ablesen kann. Heute füttern 1300 Messstationen deutschlandweit den Wetterdienst in Offenbach mit Angaben zu Blattentfaltung oder Vogelsingen.

Die Phänologie als wissenschaftliche Disziplin ist in Zeiten des Klimawandels ein wichtiges Eichwerkzeug geworden: So lässt sich zum Beispiel feststellen, dass die Vegetationszeit in Europa immer länger wird. Aufgrund der Klimaerwärmung setzt der Frühling hier jedes Jahr um ungefähr 1,4 bis 3,1 Tage früher ein. Welchen Stress das für die Pflanzen bedeutet, ist keine Frage an die Phänologen, sondern an uns.

Polarlicht

»Lodernde Flammen mit wallenden Blitzen, / Fliegende Düfte, voll strahlender Spitzen, / Circkeln sich, wirbeln sich, schiessen zusammen; / Leuchten und schrecken, verschwinden, entstehn, / Wallen und wittern, erscheinen, vergehn. / Allein: / Dort zeigt sich gar ein bunter Blitz und Schein. / Gelb, feurig, grün und blau / Färbt sich ein Flammen-Heer. / Es schrecket und ergetzt zugleich, die bunte Gluth. / Recht wie die Wellen sich, in einer wilden Fluth, / Bestürmen, fressen und verdringen; / So sieht man hier, im bunten Feuer-Meer, / Die regen Flammen sich verschlingen.« So leidenschaftlich beschrieb der deutsche Dichter Barthold Heinrich Brockes 1745 das *Norder-Licht*, um sprachlich die wirbelnden-zwirbelnden Bewegungen festzuhalten, die fotografisch einzufangen noch nicht möglich war. Was die Nordlichter genau sind, war lange ungewiss. Selbst der sonst eher nüchterne Mathematiker Georg Christoph Lichtenberg notierte in seinen seit 1764 entstandenen *Sudelbüchern*, wie ihn die Polarlichter als Kind faszinierten: »Ich kann nicht vergessen, daß ich in meiner Jugend einmal die Frage: was ist das Nordlicht? auf einen Zettel mit der Adresse an einen Geist schrieb, und jenen des Abends auf den obersten Boden im Hause legte. O wäre da ein Schelm gewesen, der mir die Frage beantwortet hätte!« Einmal gesehen, lassen die Polarlichter den Menschen nicht mehr los. Es sind sowohl die schwierig in Worte zu fassenden Empfindungen als auch die Frage nach dem Ursprung, die den Beobachter nachdenklich stimmen. Und so waren es auch genau diese beiden Aspekte, denen die Brüder Humboldt auf den Grund gehen wollten. Den Naturforscher Alexander von Humboldt trieb die wissenschaftliche Erklärung der Polarlichter um – ging es ihm doch in seinem fünfbändigen Lebenswerk *Kosmos* darum, »die Erscheinung der körperlichen Dinge in ihrem Zusammenhange, die Natur als durch innere Kräfte bewegtes und belebtes Ganzes« darzustellen. Für Humboldt fallen die Polarlichter, die er auch »Erdlicht«, »Windlicht« und »Lichtmeteor« nennt, in dieselbe Kategorie wie Meeresleuchten und Wetterleuchten. Und so schrieb er 1858 im Kapitel »Polarlicht«: »Lichtschäumend kräuselt sich die überschlagende Welle, Funken sprühet die weite Fläche, und jeder Funke ist die Lebensregung einer unsichtbaren Thierwelt. So mannigfaltig ist der Urquell des irdischen Lichtes.« Bei Alexanders Bruder, dem Germanisten und Staatsmann Wilhelm von Humboldt, ist es eher eine innere Berührung, die er nach dem Betrachten der Polarlichter in Worte fassen will: »Ich könnte stundenlang mich nachts in den gestirnten Himmel vertiefen, weil mir diese Unendlichkeit fernher flammender Welten wie ein Band zwischen diesem und dem künftigen Dasein erscheint.« Diese Ehrfurcht, die Wilhelm hier anspricht, wird später auch von dem Astronauten Edgar Mitchell beschrieben, nachdem er vom Weltall aus auf die Erde blickte und die leuchtende Mischung aus Städten, Gewittern und Polarlichtern sah. Weil ihm die richtigen englischen Worte offensichtlich fehlten, entschied sich Mitchell beim Versuch, seine Empfindungen zu formulieren, für einen Sanskrit-Begriff. *Savikalpa samadhi* umfasst die Wahrnehmung von allem als einzeln und gleichzeitig als zu einer Einheit verschmolzen, begleitet von einer immensen Verzückung im Angesicht dieser spirituellen Erkenntnis. Es

Aurora borealis: Inspiriert von der Aussicht aus seinem Fenster malte der norwegische Maler den Himmel über den Fjorden als »die ewigen Kräfte des Lebens«. | Edvard Munch, *Sternennacht* (1923/24), Oslo, Munch-Museet

ist ein Zustand, in dem das Ich in Anbetracht von »etwas« loslässt und sich des Geistes jenseits der Schöpfung bewusst wird. Oder wie der kanadische Schriftsteller Isaac Yuen in seinem Blog *Ekostories* über die kognitive Verschiebung schreibt, die beim Anblick der Polarlichter eintreten kann: »Dieses Empfinden wahrer Ehrfurcht ist der Ursprung des Wunders. Es zu erleben erinnert uns daran, dass es eine enorme Welt jenseits unserer eigenen gibt, und schenkt uns so eine wertvolle Perspektive.«

Wer Polarlichter mit eigenen Augen sehen will, muss dafür in den hohen Norden oder in den tiefen Süden reisen. Die hellsten Polarlichter lassen sich am häufigsten in einem Radius von circa 2500 Kilometer um die magnetischen Pole beobachten. Überaschenderweise kann man Polarlichter aber auch in Italien sehen. So berichtet Galileo Galilei von der »Aurora borealis« – benannt nach der Göttin der Morgenröte und dem personifizierten Nordwind –, die er in kalten, dunklen Winternächten beobachten konnte. Hierzu muss man wissen, dass sich Polarlichter rötlicher färben, je näher sie sich am Äquator befinden. Auf halber Strecke, in Galileis Italien, erschienen sie fast nur noch als morgenrötliches Flackern. Manchmal, wie zuletzt 1859, sieht man die außergewöhnlichen Lichter selbst am Himmel über Kuba: Beim sogenannten Carrington-Ereignis regnete es drei Tage lang Farben auf die Erde, man sah sie in China, in Kolumbien, aber auch auf Samoa, in Paris und London, einfach überall. In New York konnte man nachts im hellen Licht der Aurora borealis die Zeitung lesen. In New Orleans sorgte dieses Spektakel für einige Verwirrung, wie die *Daily Picayune* am 7. September 1859 berichtete: »Der Einfluss der Aurora borealis war im Garden District spürbar. Wie die Polizeiberichte von diesem Morgen zeigen, wurden mehrere Bewohner dieser wunderbaren Gegend betrunken aufgefunden – viele von ihnen in einem seltsamen Wahn – und hatten den Rinnstein mit ihrem eigenen gemütlichen Bett verwechselt.«

Dem Ursprung der Polarlichter auf den Grund zu kommen, war ein langwieriges Unterfangen. Zunächst waren es die beiden schwedischen Astronomen Olof Hiorter und Anders Celsius, die eine wichtige Entdeckung machten. Im Jahr 1741 wiesen sie den Zusammenhang zwischen dem Nordlicht und dem Erdmagnetfeld der Erde nach, indem sie ein halbes Jahr lang jede Stunde die Bewegungen einer Kompassnadel aufzeichneten. Die überraschende Erkenntnis: Während Polarlichter zu sehen waren, drehte die Nadel durch und zeigte nicht mehr nach Norden. Damit war der Grundstein für das Verständnis der geomagnetischen Aktivitäten der Erde gelegt. Man beobachtete und sammelte weiter: Von 1783 bis 1795 trug die Societas Meteorologica Palatina 1400 Berichte zum Phänomen Nordlicht zusammen. Doch noch immer war die Entstehung des geheimnisvollen Nord- oder Polarlichts nicht geklärt. Was genau war es? 1859 fand der englische Astronom Richard Carrington dann den entscheidenden Baustein. Kurz bevor der Himmel über der Erde zu leuchten begann, hatte er mit seinem Fernglas einen riesigen Sonnensturm beobachtet – schwarze Flecken, die sich von der Oberfläche der Sonne lösten und in einem hellen Licht aufgingen – und damit die Verbindung von Polarlichtern und Sonneneruptionen festgestellt. Und so umfasst die wissenschaftliche Erklärung von Polarlichtern heute sowohl das Magnetfeld der Erde als auch die Eruptionen auf der Sonne: Trifft ein Solarsturm auf die Erde, fliegen aufgeladene Gaspartikel, meist aus Sauerstoff, Wasserstoff oder Stickstoff, in Richtung Planetenoberfläche. Sie umströmen die Erdatmosphäre, als wäre sie ein Fels in der Brandung. Dadurch erzeugen sie eine elektrische Ladung, die sich entlang der Magnetlinien zu den Polen hinbewegt: Der Äquator weist am wenigsten Magnetismus auf und die magnetischen Pole am meisten. Dort entladen sich die Teilchen. Dabei wird Energie in Form von Licht frei – und je nachdem, aus welchem Gas diese Partikel bestehen, färbt sich der Lichtschleier grün, blau, lila oder rötlich.

Aber es sind nicht nur die Farben, die die eigentümliche Faszination beim Beobachter auslösen. Es sind auch die Bewegungen der Polarlichter und sogar die Geräusche, die sie machen. So schreibt der US-amerikanische Schriftsteller Barry Lopez in seinem Buch *Arktische Träume*: »Es war eine klare Nacht, und anfangs hielt ich es für eine lange, vom Mond beleuchtete Wolke, wie man sie oft einzeln über einem Berg stehen sieht. Dann merkte ich, dass es sich bewegte. Fasziniert sah ich, wie sich die lange Fahne blassen Lichts in seitlichen Bewegungen über den schneebedeckten Bergen entfaltete [...]. Die Bewegungen waren wie bei einer T'ai-chi-Übung: anmutig, in sich selbst zurückgewandt und ausgedehnt.« Als der britische Naturschriftsteller Robert Macfarlane in der Arktis nach tief im Eis begrabenen Orten suchte, hatte er Lopez' Buch im Gepäck. In seinem Werk *Im Unterland* schreibt er: »Wie hatte Barry Lopez diese alten Transport- und Migrationsrouten in der Landschaft noch genannt? Atemkorridore. Genau das waren sie – und das Polarlicht hatte ausgesehen wie ein lebhaftes Atmen aus einer anderen Welt.« Und sich auch so angehört, denn tatsächlich machen die Lichter Geräusche – Menschen, die dies erlebten, beschreiben sie wie ein Atmen oder das Flattern einer Flagge im Wind.

Raunächte

Glöckelnächte, Weihnachten, Innernacht, Dunkelheit

Es liegt ein stiller, heimlicher Schimmer über den Tagen zwischen Weihnachten und Neujahr. Und das mag nicht allein an der Dichte der arbeitsfreien Feiertage liegen: Seit jeher schwingt etwas Mystisch-Magisches in dieser dunkelsten Zeit des Jahres mit. Und auch draußen in der Natur ist es leiser, Tiere und Pflanzen ziehen sich im Winter zurück, schlafen und sammeln Kräfte für die Zeit, wenn die Sonne wieder höher am Himmel steht. Mucksmäuschenstill wird es auf dem Land, als hätte sich ein Schleier über alles gelegt, der dämpft, was sonst laut werkelt, watschelt, rumtollt und vielleicht auch trollt, rumort oder schabt. Ein Innehalten und Ruhen, und manchmal ist es fast ein wenig gespenstisch: Es ist die Zeit der Raunächte.

Bereits in vorchristlicher Zeit wurden bei den Germanen, den Engländern und Iren, in Island, aber auch am Alpenrand die Tage und Nächte vor und nach dem Jahreswechsel als die Zeit der Raunächte beschrieben. Im deutschsprachigen Raum heißen sie auch »Innernächte«, »Unternächte« oder »Glöckelnächte« (nach den Glöcklern, jenen Figuren im österreichischen Salzkammergut, die die Raunachtgeister traditionell vertreiben sollen). Diese sogenannten toten Tage haben ihren Ursprung in der etwas komplizierten Vermengung zweier Kalenderformen: Während der Mondkalender nur 354 Tage und sechs Stunden zählt (12 Mondphasen von jeweils knapp 29 Tagen), kommen beim Sonnenkalender 365 Tage zusammen – die Zeit, die die Erde benötigt, um einmal um die Sonne zu kreisen. Um diese Differenz zwischen Zeitrechnung nach Sonne und nach Mond auszugleichen, wurden elf Tage und zwölf Nächte zum Mondkalender addiert – darum heißen die Raunächte im Angelsächsischen auch die *twelve nights* und im Deutschen »die zwölf Nächte«. Es waren also ursprünglich Tage »außerhalb der Zeit«. Man sagte sogar »aus der Zeit gefallene Tage«, in denen, so heißt es im Volksmund, auch die Gesetze der Natur außer Kraft gesetzt würden. Den Raunächten werden mystische Attribute zugesprochen: Die Schleier zwischen den Welten seien dünner, das Geisterreich stehe offen, man träume in diesen Nächten intensiver und könne so Dinge erfahren, die sonst im Verborgenen liegen. Auch sollen die zwölf Raunächte das Wetter der zwölf Monate des kommenden Jahres bestimmen, besagt eine Bauernregel.

Kaum einer zelebrierte die Raunächte so intensiv wie der Schriftsteller Ernst Jünger (bei dem sie wie vor der Rechtschreibreform noch mit »h« geschrieben werden). In *Siebzig verweht*, seinen Tagebüchern von 1965 bis 1996, erwähnt er sie regelmäßig, verbunden mit der Hoffnung, in dieser besonderen Zeit in die Tiefen seiner Seele vorzudringen. Nachts träumt er von Weggefährten und Begegnungen, Geheimnissen und vertraut-entfremdeten Orten. Tagsüber fragt er sich, mal hoffnungsvoll, mal enttäuscht: Was mögen mir meine Träume in den Raunächten dieses Jahr mitteilen? Vor allem düstere Gedanken über Leben und Tod beschäftigen ihn. So ist es für ihn auch völlig plausibel, dass Schopenhauer seine »dunkelsten Stunden« ausgerechnet in den Raunächten, die dem Jahr seines Todes vorausgingen, erlebte: »Vor dem Heimgang rechnet der Mensch mit sich und seinem Lebenswerk ab.« Immer wieder beschreibt er große Unruhe und

Symbole wie Friedhöfe oder Leichname, die ihm in seinen Träumen erscheinen. Und schließlich schreibt er kurz vor seinem eigenen Tod: »Wilflingen, 14. Dezember 1995 – Die Rauhnächte rücken heran. Ich spüre sie auch tagsüber, bin nicht mehr ganz da.«

Woher der Begriff »Raunächte« stammt, ist umstritten: Einer Theorie nach geht er auf den Brauch des Beräucherns der bäuerlichen Ställe zurück. »Die zwolff naecht zwischen Weihenacht und Heyligen drey Künig tag ist kein hauß das nit all tag weiroch rauch in yr herberg mache / für alle teüfel gespenst vnd zauberey«, berichtete der Publizist und Reformator Sebastian Franck 1534 von der Tradition, die Höfe in der Zeit zwischen Weihnachten und dem Dreikönigstag durch eine Segnung mit Weihrauch schützen zu lassen. Einer anderen Theorie nach ist der Begriff mit dem mittelhochdeutschen *rûch* verwandt, das sich später zu *rau* entwickelte und so viel wie »haarig« oder »zottig« bedeutete. »Rauhware« oder »Rauchwaren« sind gegerbte, aber nicht weiter verarbeitete Felle. In der krünitzschen *Encyclopädie* heißt es dazu: »mit Wolle, Haaren oder Federn bewachsen, im Gegensatze des glatt. Ein raucher Bart. Ein raucher Muff. Rauches Futter.« Und so stehen auch der Ochs und der Esel, später die Schafe – all diese fellbedeckten Tiere – in den ikonischen Bildern um das Wunder der Weihnachtszeit versammelt. Und bilden damit nach, was schon vor der Christianisierung für die Menschen zur Zeit der dunklen Raunächte Lebenswirklichkeit war. Denn kein Tier stand auf der Weide; sie alle waren mit im Haus. Der warme Atem, das leise Kauen, ein Muhen inmitten der Nacht – all das war vertraut, Teil des Lebens, Teil des Überlebens. In der Bedeutung von »Fell« kennt man den Begriff auch aus *Allerleirau*, dem Märchen der Brüder Grimm: Um sich vor den inzestuösen Übergriffen ihres Vaters zu schützen, gibt eine Königstochter diesem unmögliche Aufgaben, unter anderen die, ihr ein Gewand aus tausenderlei Pelz – eben »Allerleirau« – anzufertigen.

Eine starke Assoziation mit dem Wetter bergen vor allem die vielen Sagen von der »Wilden Jagd«. So sei es eine Horde wilder Reiter, die in den stürmischen Nächten der Mittwinterzeit ihr Unwesen treibe. Hundebellen sei dann zu hören, Hufschlag, Katzenmiauen, ein Donnern und Sausen, Heulen und Krachen. Zwar waren die wilden Jäger den Menschen nicht zwangsläufig schlecht gesinnt, dennoch vermied es die Landbevölkerung, in den Raunächten unterwegs zu sein. Selbst Wäscheleinen durften in dieser Zeit nicht gespannt sein (denn die Reiter könnten sich darin verheddern). Außerdem galt: keine weiße Wäsche waschen oder trocknen (die Laken könnten einem sonst zum Leichentuch werden), nachts sollte man nicht aus dem Fenster schauen, nicht backen oder spinnen. Die Gründe waren damals also ganz andere, aber ebenso wie heute ließ man während der Weihnachtsfeiertage die Arbeit ruhen – das Leben machte eine Pause, es wurde still in der Welt.

Auch Georg Büchner deutet in der wortgewaltigen Wetterbeschreibung seiner Erzählung *Lenz* auf die Raunächte hin. Dort schildert er, wie der Verwirrte Lenz im Dezember allein durch die dunklen Täler der Vogesen zieht. Und während der Sturm braust – und darin die wilden Reiter toben –, spürt man schon, wie der Wahnsinn langsam von Lenz Besitz ergreift: »Nur manchmal, wenn der Sturm das Gewölk in die Täler warf, und es den Wald herauf dampfte, und die Stimmen an den Felsen wach wurden, bald wie fern verhallende Donner, und dann gewaltig heran brausten, in Tönen, als wollten sie in ihrem wilden Jubel die Erde besingen, und die Wolken wie wilde wiehernde Rosse heransprengten, und der Sonnenschein dazwischen durchging und kam und sein blitzendes Schwert an den Schneeflächen zog, so daß ein helles, blendendes Licht über die Gipfel in die Täler schnitt; oder wenn der Sturm das Gewölk abwärts trieb und einen lichtblauen See hineinriß, und dann der Wind verhallte und tief unten aus den Schluchten, aus den Wipfeln der Tannen wie ein Wiegenlied und Glockengeläute heraufsummte, und am tiefen Blau ein leises Rot hinaufklomm, und kleine Wölkchen auf silbernen Flügeln durchzogen und alle Berggipfel scharf und fest, weit über das Land hin glänzten und blitzten, riß es ihm in der Brust, er stand, keuchend, den Leib vorwärts gebogen, Augen und Mund weit offen, er meinte, er müsse den Sturm in sich ziehen.«

Das Ende der Raunächte, um den 2. oder 6. Januar, läutete mancherorts dann auch schon den Karneval ein, mit dem die Geister lautstark vertrieben werden sollten. So beispielsweise auch Anfang des 17. Jahrhunderts in England, wo Shakespeare seine Verwechslungskomödie *Was ihr wollt* schrieb, die im Original auch *The Twelfth Night* (»Die zwölfte Nacht«) heißt und am letzten Tag der Raunächte ihren Lauf nimmt.

Regen

prasseln, peitschen, tropfen, trommeln

Regen ist ein mannigfaltiges Phänomen, das nicht nur aus zahllosen Tropfen besteht, sondern auch auf unterschiedlichste Arten auf die Erde niedergeht: mal sanft, mal prasselnd, mal eisig kalt, dann wieder lau und duftend … Umso erstaunlicher, dass wir ihn im alltäglichen Sprachgebrauch stets nur im Singular und grob zusammenfassend nennen: der Regen.

Menschen in der Wüste begegnen dem Regen anders als Menschen im Strandurlaub. Kinder wollen bei einsetzendem Regen am liebsten sofort aus dem Haus springen und in den Pfützen herumtanzen, Senioren hüten sich vor der Erkältung, die durch die nassen Kleider droht. Von Bob Marley stammt der Spruch: »Manche Menschen fühlen den Regen, andere werden einfach nur nass.« Und selbstverständlich fühlt sich Regen in einem Flüchtlingscamp anders an als hinter den Panoramafenstern eines Landhauses …

Die Regentropfen – die nicht nur Kinder verstohlen mit der Zunge auffangen – entstehen in den Wolken und sind Teil eines großen, ewigen Kreislaufs: Wasser auf der Erde verdampft und steigt auf in höhere, kältere Atmosphären. Dort kondensiert der Dampf erneut zu Wasser, schließt sich zu größeren Tropfen zusammen, Wolken entstehen. In diesen luftigen Wasserreservaten streben die Tropfen zu immer weiteren Verbindungen, bis sie satt und prall am Himmel hängen und die Schwerkraft an ihnen zu zerren beginnt. Dann erst lassen sie sich fallen – und je nach Wetterlage peitscht, tröpfelt, prasselt, plitscht und platscht, gießt, spritzt, schüttet, pladdert, nieselt, trommelt, strömt, gallert oder trieft es auf die Erde nieder. Dort sickert das Regenwasser ins Erdreich, bahnt sich seinen Weg durch die Gesteinsschichten, folgt dabei jeder dunklen Spalte und jedem grobkörnigen Durchgang, manchmal einige Jahrzehnte, in einigen Fällen sogar 10 000 Jahre lang, bis es an anderer Stelle wieder hinaus und zum Licht findet – als Bach, Fluss oder Meer – und der Kreislauf von Neuem beginnt.

Das Wort *Regen* lässt sich bis ins 8. Jahrhundert n. Chr. zum germanischen *regan* zurückverfolgen. Wer ihm weiter nachspüren will, muss sich von den mäandernden Wegen der indogermanischen Ursprache in eine tiefere Vergangenheit leiten lassen. Der Wortstamm hieß (vermutlich) *hreg̑*, bedeutete so viel wie »fließen« und findet sich auch in vielen anderen Sprachen wieder: Im Lateinischen gibt es beispielsweise *rigare* = »bewässern, leiten« und das Albanische kennt *rrjedh* = »fließen, tröpfeln«.

In der zwischen 1773 und 1858 erschienenen *Oeconomischen Encyclopädie* heißt es: »Der Regen gehört zu den wohlthätigsten Veranstaltungen des Schöpfers. Er befeuchtet den Boden, unterhält und befördert die Vegetation, reiniget und erfrischet die Luft, mäßigt die Hitze, gibt den Thieren ihren Trank, und den Quellen und Flüssen den größten Theil ihres Wassers. Diese Vortheile überwiegen bey weitem den Schaden, den allzuheftige Ausbrüche oder allzulanges Anhalten desselben bisweilen veranlassen.« Regen ist Leben, und daher verwundert es nicht, dass in jeder Kultur Regengottheiten zu finden sind: Anẓar (Berber), Tlaloc (Azteken), Shotokunungwa (Hopi), Lono (Hawaii), Mbaba Mwana Waresa (Zulu), Blizgulis (Litauen), Wandjina (Aborigines), um nur einige der stimmungsvollen Namen zu nennen. Ob im kalten Norden, im feuchten Regenwald oder in der trockenen Steppe: Die Regengötter sichern die Fruchtbarkeit der Felder und damit das Wohl der Menschen. Die Azteken benannten ihre Monate sogar nach der Art des Regenfalls, der gerade anstand: der »Monat des fallenden Wassers«, der »Monat des Einstellens des Wassers«, der »Monat der Trockenheit«, der »Monat der weggeschwemmten Wege«.

Am wenigsten regnet es in der Antarktis (zu kalt!), am meisten im Dorf Mawsynram im Nordosten Indiens, nämlich im Schnitt 11 871 Millimeter pro Jahr (zum Vergleich: In München regnet es noch nicht einmal 1000 Millimeter pro Jahr). Eigentlich regnet es dort immer, tags und nachts, morgens und abends, und die Menschen haben gelernt, damit umzugehen. Weil Brücken ständig davongeschwemmt würden, baut man sie dort aus den miteinander verflochtenen Wurzelsträngen von Gummibäumen. In dieser Gegend legt auch der Jakobinerkuckuck seine Eier in fremde Nester. Er ist ein wählerisches Kerlchen, dieser Kuckuck, und das einzige bekannte Tier überhaupt, das nur reines Regenwasser trinkt. Selbst in Gefangenschaft labt er sich nur an von Blättern abperlendem Nass und würde lieber vor Durst sterben, als schales Brackwasser aus einem Schälchen zu trinken. Für diese Eigenart wird er von indischen Dichtern als spirituelles Idealbild eines Suchenden besungen, der alles Weltliche ignoriert und seinen Durst nur durch das stillt, was direkt vom Himmel kommt. Im Sanskrit heißt er poetisch auch *chataka*, ein Wort, das den nicht wahrnehmbaren Laut der sich öffnenden Blütenblätter einer Blume beschreibt.

Auch das Verhalten des Menschen im Regen kann als Symbol für seine Lebenseinstellung gedeutet werden: Im Film *Ghost*

Wetterphänomen im urbanen Milieu: Wenn an der Ecke Rue de Turin und Rue de Moscou die Tropfen fallen, spannen die Bewohner ihre Regenschirme auf. | Gustave Caillebotte, *Straße in Paris bei Regen* (1877); Chicago, Art Institute

Dog von Jim Jarmusch stellt sich der einsame Auftragskiller Ghost Dog die Frage, ob man nasser wird, wenn man im Regen rennt oder wenn man gemächlich durch ihn schreitet. Er zitiert dabei einen Text aus dem *Hagakure*, den »Geheimen Blättern«, einem Samurai-Kodex aus dem frühen 18. Jahrhundert: »Auch aus einem Wolkenbruch kann man etwas lernen. Um nicht nass zu werden, mag man bei einem plötzlichen Schauer versuchen, die Straße entlang zu eilen. Doch selbst wenn man versucht, von einem Dachvorsprung zum nächsten zu laufen, wird man dennoch nass. Findet man sich jedoch von Anfang an damit ab, wird man nicht überrascht, auch wenn man ebenso durchnässt wird. Diese Erkenntnis gilt für alle Dinge.«

Worte, Textpassagen und Metaphern zum Regen gibt es in der Literatur viele. Der Regen wäscht rein, repräsentiert Wandlung – und ist dabei immer tiefgreifend wie eine Urgewalt. In seiner Kurzgeschichte *Der lange Regen* lässt der US-amerikanische Science-Fiction-Autor Ray Bradbury den Regen eine solche Kraft annehmen, dass er den Verstand und das Leben der Menschen bedroht: »Es war ein harter Regen, ein Dauerregen, ein schwitzender und dampfender Regen; es war ein Nieselregen, ein Wolkenbruch, eine Fontäne, ein Peitschenhieb in den Augen, ein Sog an den Knöcheln; es war ein Regen, der alle Regenfälle und die Erinnerung an den Regen ertränkt.«

Bradbury lässt seine dramatischen Regenszenen auf der Venus spielen, wo der Regen niemals endet, die Menschen vom Trommeln des Regens auf ihre Kopfbedeckung verrückt werden und man sofort ertrinkt, wenn man nur nach oben schaut. Merkwürdige Regenphänomene gibt es auf anderen Planeten tatsächlich: Raumsonden der NASA haben bei ihren Erkundungsflügen Niederschlag aus Methangas, Neon, Schwefel oder Säure gefunden. Der wohl bizarrste Regen wurde allerdings auf dem Planeten WASP-76b entdeckt: Die Oberfläche dieses 391 Lichtjahre von der Erde entfernten Trabanten ist so heiß, dass auf der Tagseite Metallpartikel auf der Oberfläche verdampfen und in die Atmosphäre aufsteigen. Dort werden diese Eisensplitter von den vorherrschenden starken Winden weitergetragen, um dann auf der Nachtseite durch den Kälteunterschied zu kondensieren und herunterzufallen. Eisenregen. Autsch.

Eine sanftere, aber deswegen nicht weniger kraftvolle Urgewalt wird im Chinesischen mit dem Regen verbunden: Hier geben sich Mann und Frau dem erotischen »Wolken-Regen-Spiel« hin – leicht und willenlos, dahintreibend wie die Wolken, erlösend wie ein Regenschauer. Oder wie es von einem unbekannten Dichter der Ming-Dynastie in seinem Liebesroman *Zhulin yeshi* (auf Deutsch etwa: »Inoffizielle Geschichte eines Waldsprösslings«) beschrieben ist: »Ein derart unbeschreiblich-wohliges Gefühl erfüllte sie und ließ ihren Leib in Wonneschauern erbeben, wie wenn der Regen nach langer Trockenheit die ausgedörrte Erde nässt, und sie fühlte sich so wunschlos glücklich, wie ein Fisch, der sich im kühlen Wasser tummelt. Was könnte auf Erden wohl schöner sein als ein solches Erleben?«

Regenbogen

 wölben, spannen, leuchten, schillern

Ein Regenbogen erscheint ohne Ankündigung, wie aus dem Nichts. Er zieht seinen bunten Bogen, verharrt für eine Weile am Himmel und verschwindet genauso leise wieder, wie er gekommen ist. Seine harmonische Form, das Spektrum seiner leuchtenden Farben, seine fast spürbare Transparenz und das Wissen, dass er nie von Dauer sein wird, machen ihn zu einer ganz besonderen Wettererscheinung. Und so ist es nicht verwunderlich, dass der Regenbogen in vielen unterschiedlichen Kulturen als kraftvolles Symbol wirkt.

Im Alten Testament schickt Gott Noah nach der Sintflut einen Regenbogen, verbunden mit dem ultimativen Hoffnungsversprechen: »Jedes Mal, wenn ich Regenwolken über die Erde schicke, wird der Regenbogen in den Wolken zu sehen sein. / Dann werde ich an meinen Bund mit euch und mit allem, was lebt, denken. / Niemals mehr wird eine Flut alles Leben auf der Erde vernichten.« Dieses Bildnis des Regenbogens – als Hoffnungsträger gegen die Sintflut – geht wiederum auf einen viel älteren babylonischen Schöpfungsmythos zurück. Hier erinnert der Bogen in Form eines Sternbildes an den Sieg des Gottes Marduk über Tiamat, die Göttin der Urflut, die er mit Pfeil und Bogen tötet, um anschließend Himmel und Erde aus ihr zu erschaffen.

Als Bindeglied zwischen Realität und Illusion taucht der Regenbogen in den Mythen und Legenden der Menschen auf. Er bildet nicht nur in den germanischen Göttersagen eine Brücke zwischen den Welten, sondern auch im davon weit entfernten Japan und China. Im Schöpfungsmythos der australischen Ureinwohner ist die Regenbogenschlange der Traum, in dem alles stattfindet, und im Buddhismus symbolisiert der Regenbogen das Nirwana, den höchsten Geisteszustand.

Ein Thema, das ganze Generationen von Denkern beschäftigte, ist die Anzahl der Farben des Regenbogens. So schrieb Aristoteles um 350 v. Chr. in seiner *Meteorologica*: »Und daher hat auch der Regenbogen drei Farben.« Auch für Homer bestand der Regenbogen aus drei Farben – nämlich Rot, Grün und Purpur. Und sogar Bifröst, die brennende Regenbogenbrücke in den nordischen Mythen, die das Reich der Menschen (Midgard) mit dem Sitz der Götter (Asgard) verbindet, besteht aus drei Farben, von denen allerdings nur Rot explizit genannt wird. Heute geht man davon aus, dass mangelndes Farbvokabular diese geringe Zahl der Farben begründete. Sowohl im homerischen Altgriechischen als auch bei den Skalden-Dichtern der isländischen *Edda* gab es für bestimmte Farbtöne schlichtweg keine Benennung.

Obwohl man bis zum Mittelalter an der Zahl Drei festhielt, weil sie eine stimmige Allegorie zur christlichen Dreieinigkeit war, legte der Bischof Isidor von Sevilla im 7. Jahrhundert eine Theorie der vier Farben des Regenbogens vor, um die Lehre der vier Elemente widerzuspiegeln: *color igneus* – »brennende Farbe« (vom Feuer stammend), *purpureus* – »purpurrot« (vom Wasser), *albus* – »weiß« (von der Luft) und *niger* – »schwarz« (von der Erde). Einige Jahrhunderte später, um 1200 n. Chr., erweiterte der Naturphilosoph Roger Bacon die Regenbogenfarben auf insgesamt fünf: weiß, blau, rot, grün und schwarz. Er argumentierte seinen Befund numerologisch: »Denn fünf ist besser als alle anderen Zahlen, wie Aristoteles im Buch der Geheimnisse sagt [...] Denn die Zahl Fünf unterscheidet die Dinge eindeutiger und besser, wie gesagt wird; die Natur sieht daher eher vor, dass es fünf Farben geben soll. Deshalb sind diese fünf Farben im Regenbogen und nicht andere Farben, in Übereinstimmung mit der allgemeinen Anordnung der Natur, die das Bessere zur Geltung bringt und beabsichtigt.«

Erst in der Renaissance bekam der Regenbogen seine sieben Farben, die auch heute noch ihre Gültigkeit haben. Sieben war die Zahl der Stunde: Es gab sieben Planeten im Sonnensystem, sieben Weltmeere, sieben Kontinente, sieben Tage im Schöpfungsmythos und sieben Töne in einer Tonleiter.

Und dann gelang der wissenschaftliche Durchbruch: Im Jahr 1676 schaffte es Isaac Newton mithilfe eines Prismas, die sieben Farben des Regenbogens tatsächlich zu beweisen. Damit stand fest: *Richard Of York Gave Battle In Vain* – so die Gedächtnisstütze, mit der sich zumindest ein Engländer die Farbreihenfolge des Regenbogens merken konnte: *red, orange, yellow, green, blue, indigo* und *violet*.

Um zu beweisen, dass die Farben kein Abbild der Sonne waren, sondern Folge einer Brechung innerhalb des Prismas, führte Newton einen Modellversuch durch: In einem dunklen Raum ließ er Licht durch ein Loch auf einen Glaskörper mit mehreren Flächen fallen. Das Prisma brach das Licht und warf es als Spektralfarben an die Wand.

Die Entmystifizierung des Regenbogens hatte stattgefunden – doch nicht jeder war bereit, sich so einfach damit abzufinden. Für Goethe stand fest, dass ein Versuchsaufbau wie der von Newton »Sinne, sinnlichen Eindruck, Menschenverstand, Sprachgebrauch und alles verleugnen [muss], wodurch sich jemand als Mensch, als Beobachter, als Denker betätigt«. Für

Mächtiges Symbol: Über die gesamte Landschaft gespannt, soll der Regenbogen als alle Schöpfung umfassend gedeutet werden, als biblischer Bund zwischen Gott und dem Menschen. | Joseph Anton Koch, *Heroische Landschaft mit Regenbogen* (1805); Karlsruhe, Staatliche Kunsthalle

Goethe waren die Farben des Regenbogens von großer Bedeutung, wie ihm ohnehin seine gesamte Farbenlehre am Ende seines Lebens als sein wichtigstes Werk erschien. Für Newton war das Licht ein zusammengesetztes Phänomen, dessen verschiedene Qualitäten zu Farbe führten. Goethe hingegen betrachtete das Licht der Sonne als Sinnbild für ein Streben der Natur nach der Einheit der Welt; Farbe war in seiner Vorstellung dabei ein einziges Phänomen mit verschiedenen Qualitäten. Goethes Auffassung von der Beschaffenheit des Lichts war weit mehr als eine wissenschaftliche Auseinandersetzung, es war eine Suche nach einer metaphysischen Erkenntnis, einem Beweis für die Harmonie der Welt. Seine letzten Worte auf dem Sterbebett könnten dies nicht deutlicher aufgreifen – sie lauteten (angeblich): »Mehr Licht!«

Goethe blieb mit seinen Annahmen jedoch allein. Die um dieselbe Zeit entstandene *Oeconomische Encyclopädie* von Johann Georg Krünitz fasst zusammen: »Der Regenbogen ist bekanntlich eine der schönsten Erscheinungen in der Natur, und für den Physiker besonders merkwürdig, weil er sich aus den erwiesenen Gesetzen der Brechung, Zurückwerfung und Farbenzerstreuung mit Hülfe der Mathematik vollständig erklären läßt.«

Und so lautet die wissenschaftliche Erklärung des Regenbogens heute: Wenn winzige Wassertröpfchen, durch die Luft fallend, von Sonnenlicht bestrahlt werden, werfen sie das Licht zurück (reflektieren) und brechen (refraktieren) es. Das geschieht sowohl beim Eintreten als auch beim Austreten des Sonnenlichts in den einzelnen Tropfen, was dann zur optischen Bildung des Regenbogens führt. Damit man einen Regenbogen sehen kann, muss sich die Sonne hinter dem Betrachter befinden, darf nicht höher als 42 Grad am Himmel stehen und muss direkt auf die feuchte Luft scheinen. Das Bemerkenswerte daran: Somit gibt es nicht einen einzigen Regenbogen, den unterschiedliche Betrachter aus verschiedenen Blickwinkeln sehen, sondern jeder Betrachter nimmt seinen eigenen Regenbogen wahr. Die Wasserbeschaffenheit ist indes verantwortlich für die Spannbreite des Regenbogens: Regenbögen am Meer in einer Salzwassergischt haben eine kleinere Krümmung als Regenbögen aus Süß- bzw. Regenwasser.

Aber was hat es nun mit der hartnäckigen Legende vom vergrabenen Goldtopf am Ende des Regenbogens auf sich? Dies erklärt ebenfalls recht schön die *Oeconomische Encyclopädie*: Dort heißt es: »Regenbogenpfennige [...] sind alte Gothische Goldmünzen von verschiedener Größe, auf einer Seite hohl wie Näpfchen, auf der andern erhaben, in der Aushöhlung geprägt, auf der erhabenen Seite ganz glatt. [...] Das Gold ist mehrentheils unrein, weshalb sie zuweilen in Klumpen zusammengebacken in der Erde gefunden werden. Weil das nun etwa nach starkem Regen geschah, der die Erde weggespühlt hatte, so glaubte das abergläubige Volk wohl, daß die sonderbar geformten Stückchen im Regenbogen erzeugt und von ihm herabgefallen wären, wovon sie benannt wurden, wenn der Nahme nicht aus: Rückgebogen verdreht ist.«

Saurer Regen

 Feinstaub, Sommersmog, Klimawandel

»Abendlich schon rauscht der Wald / Aus den tiefsten Gründen, / Droben wird der Herr nun bald / An die Sternlein zünden«, schrieb Joseph von Eichendorff 1827. Die Deutschen und der Wald – das ist eine lange und wechselvolle Beziehung. Einst in der Literatur der Romantik als Sehnsuchtsort verehrt, wird über den Wald heute nüchterner geschrieben. Und das nicht nur, um der einstigen Verklärung entgegenzuwirken. Der Wald ist nicht mehr das, was er einmal war. Und der Mensch ist nicht unschuldig daran.

Als die Märchensammlung *Das Wirtshaus im Spessart* im Jahr 1828 erschien, war die Welt schon im Wandel, von einem vorindustriellen in ein industrielles Zeitalter. Und es ist ausgerechnet der Schwarzwald – der später zum Symbol für das Waldsterben werden soll –, der hier stimmungsvoll von Wilhelm Hauff in seinem Märchen *Das kalte Herz* beschrieben wird. Es ist eine Liebeserklärung an den Schwarzwald und seine Bewohner, an die Einheit von Mensch und die ihn umgebende Natur: »Wer durch Schwaben reist, der sollte nie vergessen, auch ein wenig in den Schwarzwald hineinzuschauen; nicht der Bäume wegen, obgleich man nicht überall solch unermeßliche Menge herrlich aufgeschossener Tannen findet, sondern wegen der Leute, die sich von den andern Menschen ringsumher merkwürdig unterscheiden. Sie sind größer als gewöhnliche Menschen, breitschultrig, von starken Gliedern, und es ist, als ob der stärkende Duft, der morgens durch die Tannen strömt, ihnen von Jugend auf einen freieren Atem, ein klareres Auge und einen festeren, wenn auch rauheren Mut als den Bewohnern der Stromtäler und Ebenen gegeben hätte.« Und auch für den Wald selbst findet Hauff beeindruckende Worte: »Die Bäume standen so dicht und so hoch, daß es am hellen Tag beinahe Nacht war, und Peter Munk wurde es ganz schaurig dort zumute; denn er hörte keine Stimme, keinen Tritt als den seinigen, keine Axt; selbst die Vögel schienen diese dichte Tannennacht zu vermeiden.«

Doch die beschworene Einheit von Mensch und Natur und der unangetastete Wald geraten in Gefahr. Denn die Geschichte des Köhlerjungen Peter Munk, die hier erzählt wird, liest sich auch als Allegorie auf die Entfremdung des Menschen durch die Industrialisierung, als Entfremdung vom natürlichen Habitat Wald, mit seinem Zauber, seinen Geistern, seinen unsichtbaren Geschöpfen, und fragt: Was gewinnt man dazu und was verliert man? Peter Munk will reich werden, mitmachen, mitspielen in diesem kapitalistischen Dasein, das die »Flözer« ihm vorleben, und verliert dabei buchstäblich sein Herz. Doch der Wald schenkt es ihm am Ende wieder. 1828 ist ein Happy End für Peter Munk und den Wald noch möglich. Die Verherrlichung des Waldes als Ort der Heilung, des Zaubers, der Konvergenz mit den Kräften der Natur – es ist genau diese Vorstellung des Waldes, die der Deutsche noch lange mit sich tragen wird.

In den 1980er-Jahren rechnete Hans Magnus Enzensberger dann endgültig mit der vermeintlichen Liebe der Deutschen zu ihrem Wald ab. In seinem Essay *Der Wald im Kopf* kritisiert er die heuchlerische Waldverherrlichung der Deutschen, die scheinbar mühelos mit der Forstwirtschaft und der Ausbeutung des Waldes einhergeht. Die Erkenntnis des großen Waldsterbens in der Mitte der 1980er-Jahre veranlasste Enzensberger zu dieser Schrift. Plötzlich standen tote Bäume da, wo einst der Wald dunkel und mystisch rauschte, und es breitete sich ein Flächenbrand über den Hügeln und in den Tiefen des Forstes aus, dort, wo Peter Munk einst so ehrfurchtsvoll gewandelt war. Der Regen hatte sich angereichert mit den Abfällen der Industrie: Abgase von fossilen Brennstoffen wie Kohle und Öl versetzten die Atmosphäre mit Schwefel, der pH-Wert des in den Wolken gebildeten Regens sank, er war mit schwefelhaltigen Stickstoffoxiden angereichert und wurde sauer. Fällt ein solcher Regen auf den Boden, führt er dazu, dass Pflanzen weniger Nährstoffe aufnehmen können und viel mehr Wasser benötigen als üblicherweise. Bäume verlieren Nadeln und Blätter. Amphibien, die in Pfützen aus saurem Regen leben, sind nicht mehr fortpflanzungsfähig. 1982 galten acht Prozent der deutschen Bäume als nicht mehr belaubt, 1983 waren es bereits 34 Prozent. Ein ganzes Ökosystem war in Gefahr. In diesem sichtbaren Ausmaß hatte es so etwas noch nie zuvor gegeben, und besonders deutlich zeigten sich die Symptome des Waldsterbens im Schwarzwald. Fast apokalyptisch fiel er vom Himmel, der saure Regen, und prasselte während des rasanten Wirtschaftsbooms auf Städte und Wälder.

Und wie konnte es anders sein? Die neue Realität im Wald musste auch das Schreiben über den Wald verändern. Doch nach der pseudogermanischen Verherrlichung des Waldes bei den Nazis war es schwer, die richtigen Worte zu finden. Bertolt Brecht greift das Tabu in seinem Gedicht *An die Nachgeborenen* auf: »Was sind das für Zeiten, wo / Ein Gespräch über Bäume fast ein Verbrechen ist.« Schließlich waren es die Schriftsteller um Hans Werner Richter und die Gruppe

47, die ein neues Schreiben zu Naturthemen entwickelten – realistisch, unverklärt, hart. 1957 schrieb Enzensberger in seinem Gedicht *fremder garten*: »das gift kocht in den tomaten […] das schiff speit öl in den hafen / und wendet, ruß, ein fettes, rieselndes tuch / deckt den garten.«

Aber es ist der saure Regen, der die deutsche Ökopoetik in den 1980er-Jahren so richtig Fahrt aufnehmen lässt. Über die Natur zu schreiben, so wie sie sich nun darstellte, wurde zur Notwendigkeit, ebenso wie Sprachbilder zu erschaffen, die den Schrecken festhielten. Denn es war nicht von der Hand zu weisen, totzuschweigen oder zu übersehen, was da vor sich ging. Der saure Regen wurde zum Katalysator für eine neue Sprachlichkeit. Und so griff auch Günter Grass 1986 nach 24 Jahren Schreibpause wieder zur Feder und schuf mit *Die Rättin* einen apokalyptischen, anklagenden Roman. Darin entspinnt sich ein Dialog zwischen dem womöglich letzten lebenden Menschen auf der Erde und einer Ratte. Die von den Menschen zerstörte Welt wurde von den Ratten übernommen, die Menschheit hat versagt: »Autohalden und Autoschlangen, Fabrikschornsteine in Betrieb, heißhungrige Betonmischmaschinen. Es wird abgeholzt, planiert, betoniert. Es fällt der berüchtigte saure Regen. Während Baulöwen und Industriebosse an langen Tischen das Sagen und bei Vieraugengesprächen genügend Tausenderscheine locker in bar haben, stirbt der Wald. Er krepiert öffentlich.« Und er tut es immer noch.

Smalltalk

 halten, pflegen, üben, beherrschen

»»Was ist herrlicher als Gold?‹, fragte der König. ›Das Licht‹, antwortete die Schlange. ›Was ist erquicklicher als Licht?‹, fragte jener. ›Das Gespräch‹, antwortete diese.«

Im *Märchen von der Schlange und der schönen Lilie* betont Goethe den Wert von Gesprächen und Kommunikation: Sie sind wichtiger als das Licht, das zwar die Schatten zu vertreiben vermag, doch das Gespräch kann Grenzen zwischen zwei Menschen auflösen, Filterblasen durchsichtig werden und platzen lassen und dazu beitragen, dass unterschiedliche Standpunkte verglichen und verwoben werden, sodass eine neue Sicht auf Dinge entsteht. Selbst das kleine Gespräch, der Small Talk, das wissen Psychologen heute, macht glücklich: Bei Versuchen in der New Yorker U-Bahn wurden Probanden gebeten, während der Fahrt andere Menschen einfach anzusprechen und sich mit ihnen zu unterhalten. Bei der Auswertung beschrieben diese ihre Fahrt als extrem kurzweilig, erheiternd und als positive Erfahrung, während die anderen Probanden der Kontrollgruppe, die den verbalen Kontakt zu Fremden vermeiden sollten (und stumpf auf ihre Smartphones starrten wie sonst auch), die Fahrt als Zeitverschwendung betrachteten.

Doch wie beginnt man geschickt ein Gespräch mit einem Fremden? Der Eisbrecher unter den Small-Talk-Themen ist dabei das Wetter. Denn das findet schließlich jeden Tag statt und betrifft alle Menschen am selben Ort gleichermaßen. Zum Wetter kann jeder etwas sagen. So schrieb der deutsche Künstler Kurt Schwitters während seiner letzten Jahre in England: »When I am talking about the weather / I know what I am talking about.« (»Wenn ich über das Wetter spreche / Weiß ich, wovon ich rede.«)

Dass das Wetter überall auf der Welt Thema im Alltag ist, hilft auch Annie Lennox in dem Eurythmics-Song *I've Got a Lover (Back in Japan)* über alle Sprachbarrieren hinweg: Sie singt darin von ihrem Lover, der in Japan lebt. Wenn sie telefonieren, ist eines der wenigen Themen, über das sie sich immer verständigen können, das Wetter. Aber Achtung: Nicht jede Nation wird sich auf wetterbezogenen Small Talk einlassen. Russen zum Beispiel finden Small Talk per se überflüssig und den über das Wetter erst recht. Der Journalist Benjamin Davis beschreibt das auf der Literaturwebseite *Russia Beyond* so: »Der Punkt ist, dass Smalltalk keine Art ist, sich zu unterhalten. Es ist wie unaufhörlich auf jemanden einzureden. Es gibt keine Tiefe und keinen Sinn dahinter, im Grunde ist es langweilig. Und wenn Russen eines nicht sind, dann ist es langweilig.« Man unterhält sich in Russland, so die Devise, leidenschaftlich und intensiv – oder eben gar nicht. Immerhin könnte jedes Gespräch der Beginn einer Freundschaft fürs Leben sein. Außerdem herrschen in Russland durch das Kontinentalklima ziemlich stabile Wetterverhältnisse, es gibt dort keine großen Überraschungen: Entweder ist es eisig kalt oder nicht. Was soll man darüber schon groß reden? Auch in Finnland ist Small Talk über das Wetter verpönt: Sechs Monate im Jahr ist es dort einfach nur frostig. Man sitzt drinnen, draußen ist es dunkel. Fällt einem da etwas Originelles ein, was nicht schon gesagt wurde? Eher nicht. In Japan dagegen verändert sich das Wetter ständig, nicht nur von Jahreszeit zu Jahreszeit, sondern von Tag zu

Tag, und so werden Gespräche gerne mit der rhetorischen Frage nach dem guten Wetter begonnen. »Heute ist gutes Wetter, nicht wahr?«, gilt dort als ganz normale Begrüßung. Und wenn man dann antwortet: »Ja, es ist wirklich schönes Wetter«, hat man aus Sicht der Japaner bereits ein richtiges Gespräch geführt. Auch Briefe beginnt man dort erst einmal mit einer Wetterreferenz. Selbst das Haiku, jene berühmte kurze Gedichtform, ist eine Art poetischer Small Talk, der sich ebenfalls gerne mit dem Wetter befasst. So schreibt der berühmte Dichter Bash: »Wolken von Zeit zu Zeit / gönnen dem Menschen Rast / beim Mondbetrachten.«

Aber die Meister im Small Talk über das Wetter sind zweifelsohne die Briten: Eine Umfrage ergab, dass 94 Prozent aller Briten in den letzten sechs Stunden mindestens einmal über das Wetter gesprochen hatten und 38 Prozent sogar während der letzten Stunde. Das ist mehr als ein Drittel dieser Multikulti-Bevölkerung, die beim Reden übers Wetter vielleicht einen gemeinsamen Nenner gefunden hat. Das mag auch daran liegen, dass in England das Wetter tatsächlich sehr unbeständig ist: Die Insel liegt am Rande des Atlantischen Ozeans, der Golfstrom führt daran vorbei und im thermodynamischen Wechselspiel entstehen viele Winde. Der Brite Trevor Harley, einer der wenigen Wetterpsychologen der Welt, die den Zusammenhang zwischen dem Wetter und der Stimmung von Menschen erforschen, fasst zusammen: »There's always something happening – and if there isn't, there is the promise.« (»Es passiert immer irgendetwas – und wenn nicht, dann besteht die Aussicht darauf.«)

Doch einfach so loszuquasseln ist auch in England verpönt. Und natürlich gibt es in einem Land, das Buchtitel hervorbringt wie *Wuthering Heights (Sturmhöhe)*, *The Tempest (Der*

Sturm) oder *Cloud Atlas (Der Wolkenatlas)* eine Etikette, die vorgibt, wie genau man über das Wetter zu sprechen hat: So wird das Thema fast immer in der Frageform eingeführt, etwa: »Es regnet wieder?« Daraufhin muss der Gesprächspartner der Aussage unbedingt zustimmen. Sagt jemand: »Kalt, nicht wahr?«, und das Gegenüber sagt: »Eigentlich nicht«, dann gilt das schon als grober Fauxpas. Tauscht man sich nicht über aktuelle Temperaturen oder Wetterphänomene aus, kann man in England auch gerne über das Wetter vergangener Zeiten reden, sich gemeinsam daran erinnern, wie weiß die Winter früher waren, auch wenn es in England in 51 Jahren nur viermal Schnee zu Weihnachten gab. Doch diese Gespräche dienen einem bestimmten Zweck, betont Trevor Harley: Im Gespräch über das Wetter steckt eine Sehnsucht nach einer tieferen Verbindung zweier Menschen. In Anita Shreves Roman *Eine Hochzeit im Dezember* wird dieser Wunsch deutlich: »Harrison hätte Julie gern gefragt, welchen Beruf sie hatte, aber an eine Frau gerichtet klang die Frage nie unverfänglich, ganz gleich, wie man sie stellte. ›Herrliches Wetter‹, bemerkte er stattdessen.«

Aber nicht immer bedeutet über das Wetter zu sprechen auch etwas Positives. In Zeiten des Klimawandels, so fällt immer mehr Pädagogen auf, bekommen Kinder Angst, wenn die Erwachsenen von Wirbelstürmen, Kälteperioden oder Hagelschauern reden. Sie haben gelernt, dass da etwas nicht stimmt mit dem Wetter, dass die Erde in Gefahr ist. Psychologen raten daher dazu, mehr Zeit mit den Kindern in der Natur zu verbringen, damit sie sich wieder mit dem Wetter – dem Regen und dem Wind – anfreunden können.

Und dann gibt es noch die Werbekampagne der Bundesbahn aus dem Jahr 1966: »Alle reden über das Wetter. Wir nicht.« Die Bahn wollte damit deutlich machen, dass sie bei jedem Wetter betriebsbereit ist. Der Sozialistische Deutsche Studentenbund lieh sich dieses Zitat aus und setzte es auf Plakaten über die Köpfe von Marx, Engels und Lenin – nun bedeutete es, dass man über wichtigere Dinge zu diskutieren hatte als über das Wetter. Gut zwanzig Jahre später tauchte der Slogan in einer anderen Variante bei einer noch jungen Partei auf, die auf ihre ökologischen Kernkompetenzen hinweisen wollte: »Alle reden von Deutschland. Wir reden vom Wetter.« Und heute? Es gibt fast nichts Wichtigeres, als über das Wetter zu sprechen.

Smog

 versinken, ersticken, leiden, liegen, umhüllen

»Der gelbe Nebel, der den Rücken auf die Fensterscheiben reibt, / Der gelbe Rauch, der seine Schnauze an den Fensterscheiben reibt / Leckt und steckt die Zunge in des Abends Ecken, / Zögert über Pfützen, die der Abfluß treibt, / Läßt Ruß aus Schornsteinen auf seinen Rücken fallen.« Man will ihn förmlich abschütteln, von der Schulter klopfen, diesen klebrigen Londoner Smog, den T. S. Eliot in *J. Alfred Prufrocks Liebesgesang* eindrücklich beschreibt. »Smog«, dieses Portmanteau, zusammengesetzt aus *smoke* (»Rauch«) und *fog* (»Nebel«), ist ein fast zu niedliches Wort, um diesen Cocktail aus Stickstoffoxiden, Schwefeloxiden, Ozon, Ruß und anderen Partikeln zu beschreiben.

Erstaunlicherweise ist Smog gar keine Erscheinung der Neuzeit, sondern ein recht altes Phänomen, das bereits im 13. Jahrhundert adressiert wurde. Eleonore von der Provence, die Frau von Heinrich III., floh damals aus dem Stadtschloss in Nottingham, weil der Rauch dort so dicht in der Luft hing, dass sie Atemnot bekam. Und auch London erstickte damals im in die Luft gewirbelten Ruß der Kohleöfen. Ein Großteil der Brennöfen der städtischen Industrie, vor allem die Schmieden und Kalkbrenner, wurden mit sogenannter *seacoal* befeuert. Den billigen Brennstoff fand man entlang der Küste, entweder angeschwemmt oder von den Klippen gebrochen, und er wurde über die Themse in die Stadt gebracht. 1377 wurde ein Gesetz zur Höhe von Schornsteinen erlassen, das allerdings eher selten eingehalten wurde. Und so blieb den Londonern nichts anderes übrig, als sich einzureden, dass der Smog zum Leben dazugehört, ja, man verherrlichte ihn als Teil der Atmosphäre der Stadt. Der US-amerikanische Dichter und Diplomat James Russell Lowell, der im Oktober 1888 London besuchte, lobte ihn regelrecht: »Wir stehen am Anfang unserer nebligen Saison, und heute haben wir einen gelben Nebel, und das beflügelt mich immer, er hat so eine Gabe, den Dingen eine andere Gestalt zu verleihen. Er schmeichelt auch dem eigenen Selbstwertgefühl, auf eine tiefgründige Weise, wird man für diesen Moment doch in jene exklusive Klasse erhoben, die es sich leisten kann, sich in goldene Abgeschiedenheit zu hüllen.«

Liest man die Memoiren des Malers John Sartain von 1820, ergibt sich ein anderes Bild: »[…] da schleicht man sich durch den Nebel nach Hause, der so dick und gelb ist wie die Erbsensuppe im Gasthaus; zurück in sein Malzimmer […] und obwohl man die Fenster beim Ausgehen geöffnet hatte, hat sich der Farbgeruch, wenn das überhaupt möglich ist, durch den Eintritt des Nebels noch verschlimmert, was, da er sich aus den Ergüssen von Gasrohren, Gerbereien, Schornsteinen, Färbern, Deckenscheurern, Brauereien, Zuckerbäckern und Seifenkesseln zusammensetzt, den Geruch eines Malzimmers, wie man sich wohl vorstellen kann, keinesfalls verbessert!«

Erst als im Dezember 1952 »The Great London Smog« mindestens 6000 Menschen das Leben kostete, griff die Regierung endlich ein. In dem besonders kalten Winter liefen die Kohlekraftwerke entlang der Themse auf Hochtouren, und auch die Londoner Privathaushalte schürten ihre Öfen an. Die Nachkriegskohle war von geringer Qualität und gab Unmengen von Schwefeloxiden frei. Erst sah man wenig auf den

Straßen, dann fast gar nichts mehr, schließlich stolperte man nur noch. Die »Erbsensuppe« breitete sich in den Häusern aus. Sogar die Theater mussten schließen, weil die Sicht auf die Bühne eingeschränkt war. Erst vier Jahre später trat der Clean Air Act in Kraft, das erste wirksame Londoner Gesetz gegen Smog.

Heute ist die graue Dunstglocke ein typisches Bild in nahezu allen Großstädten der Welt und sie ist je nach Wetterlage dichter. Aufgrund der verminderten Industrietätigkeiten während der Corona-Pandemie gab es ein weltweites Phänomen: Der Smog, an den man sich in den meisten Großstädten gewöhnt hatte, verschwand für ein paar Monate: In Hongkong war die Skyline wieder zu erkennen, von Kathmandu aus konnte man bis zum Mount Everest sehen und in Peking schmeckte man seit Langem wieder den Frühling in der Luft. Wie es in Zukunft weitergehen soll, weiß noch keiner. Der indische Ingenieur und Erfinder Anirudh Sharma entwickelt derweil für das Massachusetts Institute of Technology eine Tinte, die aus Rußpartikeln hergestellt wird, die aus der Luft herausgefiltert wurden. Weniger Verschmutzung, mehr frische Luft, mehr Texte.

Stilles Wissen

Erfahrung, Gefühl, Verstand, Instinkt

In unserer heutigen Zeit, in der Wirbelstürme und Dürren, Überschwemmungen und Tsunamis sich in den Nachrichten ablösen und dabei immer unvorhersehbarer werden, sind sich die Meteorologen bewusst, wie wenig sie tatsächlich über das Wetter wissen. Nachdem man sich jahrhundertelang an den Quecksilbersäulen in Thermometern, den Luftdruckkammern in Barometern, den blonden Frauenhaaren in Hygrometern orientiert und anhand ihrer feinen Nuancen Temperaturen, Luftdruck, Luftfeuchtigkeit etc. abgelesen hatte, also Daten in Zahlen erfasste und sich dadurch einer genauen Wettervorhersage näher wähnte, ist man sich heute der Lücken bewusst, die sich zwischen den Daten auftun. Aus diesem Grund und so paradox es in unserem digitalen Zeitalter klingen mag, entstehen immer mehr meteorologische Institute, die sich der Erforschung von Wettervorhersagen indigener Kulturen widmen, wie beispielsweise das ARPN (Ancient Rain Prediction Network) in Indien oder das MEK (Maori Environmental Knowledge) in Neuseeland. Das Bureau of Meteorology's Indigenous Weather Knowledge Project in Australien erreichte dabei sogar, dass endlich wissenschaftlich anerkannt wurde, dass Australien nicht nur vier, sondern sieben Jahreszeiten hat – eine Tatsache, die unter Aborigines schon seit 40 000 Jahren bekannt ist, aber von den europäischen Einwanderern seit ihrer Ankunft im Jahr 1788 – und entgegen aller Beobachtungen in der Realität – ignoriert wurde. Akzeptiert man dieses uralte Wissen, kann man direkt ganz anders über das Wetter sprechen und nachdenken.

All diese Projekte haben gemeinsam, dass sie nach alternativen Antworten zu den Auswirkungen des Klimawandels suchen – und ihr Ansatz verfolgt dabei das genaue Gegenteil von üblichem Big Data. Es ist nicht die Erfassung von Unmengen an Daten, aus der man sich hilfreiche Rückschlüsse erhofft, sondern das sogenannte stille oder implizierte Wissen. Das stille Wissen kann nicht über kondensierte Formate wie Bücher, Videos oder Notenblätter gelehrt werden, sondern verlangt von denjenigen, die es praktizieren, das Beobachten und Erleben der sie umgebenden Welt unter Einbeziehung aller Sinnesorgane. »Stilles Wissen ist die Basis von Lebenskompetenzen, Intelligenz und Sensibilität, die man braucht, wenn man sich der Natur stellt. So wie ein Fischer, der die Strömungen beobachtet, die Art und Weise, wie sich die Garnelen in der Nähe der Felsen bewegen, und daraus ableitet, ob es sicher ist, aufs Meer hinauszufahren«, schreibt der italienische Anthropologe Giovanni Bulian in seinem Aufsatz *Invisible Landscapes* (»Unsichtbare Landschaften«). Seine Beobachtungen zeigen eindrucksvoll, wie es dem Menschen mithilfe seiner Sinnesorgane und seines Verstands möglich ist, die Signale der Natur auf einzigartige Art und Weise wahrzunehmen und zu deuten. Er berichtet dabei von einem japanischen Fischer vor der Küste der Halbinsel Izu, der von einer Klippe aus das Meer betrachtet. Der Fischer versteht den Zustand des Meeres nicht nur durch die Beobachtung der Wellen, sondern durch das Fühlen der Meereslandschaft mit all seinen Sinnen. Es ist ein in sich stimmiges Zusammenspiel von Geruch, Geschmack, Empfindungen auf der Haut und jahrelangen Erfahrungen, die sich zu einem Instinkt, einer Intuition zusammenfügen – und dann zu Überlegungen, Abwägungen und Reaktionen auf das Erfahrene werden. Die *ama*, die Taucherinnen, die an derselben japanischen Küste seit Jahrtausenden nach Abalone-Schnecken tauchen, erfassen Wind und Wetter ähnlich: mithilfe all ihrer Sinnesorgane. Indem sie beim Tauchen die Bewegungen des Wassers wahrnehmen, die Spuren des feinen Sandes auf dem Meeresboden beobachten und darin die feinen Schwimmbewegungen der Garnelen deuten, erkennen sie, ob bald ein Unwetter ansteht oder die See ruhig bleibt. *Sunaga soko kara kuru fuite* (»Sand, der vom Meeresboden her weht«) nennen sie diese Methode.

Auf den weit im Süden liegenden Inseln Mikronesiens beherrscht noch eine Handvoll »Wellenpiloten« eine früher lebenswichtige Technik. Um im unberechenbaren Pazifik von einer Insel zur anderen zu gelangen, erspüren die *rimeto*, »Menschen des Meeres«, sogar die Auswirkungen von Wetterphänomenen, die an einem anderen Ort und zu einem Zeitpunkt in der Vergangenheit stattgefunden haben. »Weit entfernte Stürme in Alaska, der Antarktis, Kalifornien oder Indonesien erzeugen einen Wellengang, der über den Ozean brandet und dort, wo sich Land aus dem Meer erhebt, aufprallt. Ein Teil seiner Energie wird reflektiert und wie Klangwellen aus einem Lautsprecher zurück ins Meer geschickt, während der Rest um Atoll oder Insel herumspült und in seinem Windschatten ein verwirrtes Klatschen erzeugt. Wellenpilotieren ist die Kunst, mittels Gespür und Sicht diese und andere Muster zu erkennen«, berichtet die Journalistin Kim Tingley 2016 für die *New York Times*.

Man könnte versuchen, Textbücher darüber zu schreiben oder Erklärvideos zu drehen, doch um dieses Wissen wirk-

Wahrnehmung und Erfahrung: Das Spüren und Beobachten von Wellenbewegungen geben Aufschluss über das Wetter. | Akseli Gallen-Kallela, *Wellen* (1893); Privatsammlung

lich zu erlangen, muss der Körper vor Ort teilhaben und mit allen Sinnen die Situation lesen und erspüren.

Überall auf der Welt erzählen Sonne und Mond und die Art und Weise, wie sie vom Himmel leuchten, ihre ganz eigenen Wettergeschichten. Es gilt zu beobachten, zu welcher Himmelsrichtung ausgerichtet ein bestimmter Vogel sein Nest baut, ob die Blüten an den Bäumen von unten oder oben zu blühen beginnen oder wie sich die Algen in der Strömung winden – und aufgepasst: Wenn der Kabeljau Steine im Magen trägt, wird das Wetter schlecht. Die Landschaft, die uns umgibt, hält unendlich viele Indikatoren bereit – man muss sie nur wahrnehmen und ausschöpfen. Und wo die menschliche Sensorik nicht ausreicht, wird sie durch Tiere erweitert. Tiere haben andere Sinne als wir: Schlangen können Infrarot wahrnehmen, Haie, Aale oder Rochen fühlen Elektrizität, und Vögel navigieren entlang des magnetischen Netzes der Erde, das von den Bewegungen flüssigen Eisens unter der Erdoberfläche hervorgerufen wird. Wer das Verhalten von Tieren und Pflanzen zu beobachten weiß, erfährt dadurch Dinge, die wir mit unseren eigenen Körpern zwar nicht erfühlen, wohl aber mit unserem Verstand erkennen und deuten können.

Stilles Wissen wird von Generation zu Generation weitergegeben. Manche Anthropologen nutzen hierbei das Bild des Menschen als Gefäß, das Wissen aufnimmt und dann an andere weiterreicht. Diese Weitergabe des traditionellen Wissens ist kontextbasiert und nicht kodifiziert, wie wir es durch empirische Daten und wissenschaftliche Texte heute gewohnt sind. Es entsteht vor allem durch die Interaktion mit der Landschaft, aber auch durch Geschichten, Lieder, Tänze, Schnitzereien und Traditionen und durch den Einsatz von sogenannten Erinnerungs-Agenten wie Bauernweisheiten oder Sprichwörtern.

Die Afar am Horn von Afrika haben das Beobachten der Natur sogar in ihr Stammessystem integriert, das immer dann aktiviert wird, wenn wieder etwas mit dem Wetter nicht zu stimmen scheint. Dann ziehen die jungen *Edos* los, Scouts, die die Natur beobachten. Als Begrüßung gilt unter ihnen der Satz: »Was haben deine Augen gesehen und deine Ohren gehört?« Sie tragen ihr gesammeltes Wissen weiter an die *Adda*, eine Art Ältestenrat, der diese Informationen mit dem alten Stammeswissen abgleicht und, basierend auf dem gesammelten Wissen, Entscheidungen trifft. Dann wird alles den *Dagu* mitgeteilt, einer Art Netzwerk innerhalb der Gesellschaft, das die Informationen an alle Haushalte weiterleitet. Und wie nützlich das Lernen von der Natur nicht nur im Einzelfall, sondern fürs ganze Leben sein kann, zeigt sich in ihren Worten *dabal kal daha moka*: »Die Drangsale, die man während der Dürre ertragen musste, werden durch die Lektionen des Überlebens kompensiert, die man daraus zieht.«

Sturmauge

 entstehen, sehen, blicken

Das wohl beständigste Wetterphänomen unseres Sonnensystems tobt auf dem Jupiter: Seit mindestens 360 Jahren dreht sich ein Antizyklon über dem Planeten, ein Wirbelsturm von gigantischem Ausmaß, ausgelöst von einem Hochdruckgebiet. Sein Durchmesser ist anderthalbmal so groß wie der Durchmesser der Erde, sein Rüssel reicht 300 Kilometer in die Tiefe, und er erzeugt mit seiner Rotation so viel Wärme, dass die Luft über ihm auf über 600 Grad erhitzt wird. Dabei wird Ammoniakeis, Ammoniumhydrogensulfid, Wassereis und Dampf durch den Raum gewirbelt. Der Lärm muss ohrenbetäubend sein – die gemessenen Schallwellen sollen mit dem brachialen Lärm des Brechens von Ozeanwellen vergleichbar sein. Dieser sogenannte Große Rote Fleck besitzt ein gigantisches Sturmauge, und wie bei allen Sturmaugen herrscht in der Mitte Bewegungslosigkeit (relativ gesehen: Die Winde im Innern rauschen »nur« mit einer Geschwindigkeit von 25 Kilometern pro Stunde dahin, während sie außen, jenseits der Augenwand, bis zu 425 Stundenkilometer erreichen).

Stille. Ruhe. Nichts. Ein Un-Ort inmitten des Chaos, wo Zeit und Raum umeinanderwirbeln, gleichsam aufgeladen und entschleunigt, aufgepeitscht und reglos, ein überdimensionales Tao. »Im Zenith erscheint […] ein weiszlicher Raum, welchen die Seeleute das Sturmauge nennen«, lautet der entsprechende Eintrag der Gebrüder Grimm in ihrem *Deutschen Wörterbuch*. Und die Seeleute wussten zudem: Ins

Auge des Sturms kommt man nicht aus eigener Kraft. Man muss eingesaugt werden, sich hineinziehen lassen. Denn umgeben ist das Auge von der sogenannten Augenwand (vom englischen Begriff *eye wall*), einer Wand aus hochreichenden Quellwolken, die in ständigem Wirbel von maßloser Energie angetrieben werden. Die heftigsten Winde des Orkans toben ausgerechnet hier, unmittelbar neben der gespenstischen, unwirklichen Stille des Auges.

Es gibt Menschen, die freiwillig mit kleinen Flugzeugen in Sturmaugen hineinfliegen, ins Innere des Orkans. Ihr Ziel ist es, Messdaten zu sammeln, um mehr über diese Wetterriesen herauszufinden. In ihren YouTube-Filmen kann man die holprige Reise dieser *hurricane hunters* in den Orkan Dorian hinein mitverfolgen: Das Flugzeug taucht in die Sturmwand ein, dort drinnen herrscht tiefste, schwärzeste Finsternis. Blitze zucken. Und dann, plötzlich, gleitet das Flugzeug wieder hinaus, in einen runden Raum, der von hohen weißen Wolken umgeben ist – und darüber klarer blauer Himmel und strahlender Sonnenschein.

Das Auge des Sturms ist ein Ort, um den sich viele Geschichten ranken, allerdings, und das ist erstaunlich, nur wenige alte Mythen. Im 20. Jahrhundert wird das Sturmauge vorzugsweise als Transportmittelkabine genutzt. »Toto, ich habe das Gefühl, wir befinden uns nicht mehr in Kansas«, ruft Dorothy in der berühmten Filmversion von *Der Zauberer von Oz* aus, nachdem ein Tornado sie in die Luft gehoben und sie im Auge des Sturms in ein ihr unbekanntes Land transportiert hat. Und Walter Moers lässt Käpt'n Blaubär in *Die 13½ Leben des Käpt'n Blaubär* zunächst an einer sogenannten Tornadohaltestelle warten, ehe er von einem Tornado aufgesaugt und in dessen Inneres gezogen wird. Er altert durch die

Rotationsgeschwindigkeit übermäßig schnell und erreicht das Innere schließlich als Greis. Im Auge wiederum steht die Zeit fast still. Hier lassen sich Käpt'n Blaubär und alle anderen Bewohner, die in der in die Tornadowände gebauten Stadt leben, vom Müßiggang leiten. Das Auge des Sturms als Ort, an dem der Himmel plötzlich wieder sternenklar erscheint, ein Ort der Ruhe und Gelassenheit, den man aufsuchen kann, wenn man sich traut, das Chaos zu durchdringen.» […] dass es Frieden gibt sogar im Sturm«, schrieb schon Vincent van Gogh 1876 an seinen Bruder Theo.

In Michael Endes Kinderbuchklassiker *Jim Knopf und die Wilde 13* ist das Auge des Sturms das Versteck der Wilden 13, einer garstigen Piratenbande. Was Michael Ende hier allerdings verschwiegen hat: So ruhig das Sturmauge über Land sein mag, über dem Meer türmen sich die Wellen im Inneren des Auges bis zu 40 Meter hoch auf und schlagen von allen Seiten zusammen, aufgepeitscht von der Augenwand rundherum und den Kräften, die darin wirken. In seiner Erzählung *Taifun* beschreibt Joseph Conrad diesen Ort auf hoher See wie folgt: »Schwerfällig wälzte sich die Nan-Shan in der Tiefe einer kreisförmigen Zisterne von Wolken, die in tollem Tanze um ihren unbewegten Mittelpunkt jagten und das Schiff wie ein lückenloser düsterer Wall umgeben. Drinnen hob sich die See, wie von innerer Unruhe gestachelt, in spitzigen Kegeln, die aneinander anrannten und heftig an die Seiten des Schiffes schlugen; und leise Seufzerlaute – die ungestillte Klage des Sturmes – kamen von jenseits der Grenze der unheimlichen Windstille.«

Tauwetter

 hoffen, trotzen, sorgen, warten

»wie ist es denn so / wenn ich nicht mehr bin?«, fragt ein Sohn seinen Vater gleich zu Beginn von Arne Rautenbergs Gedichtband *permafrost*, und lapidar antwortet der Vater: »es ist wie es war / bevor du geboren«. In Anbetracht der immensen Bedeutung des Permafrosts für den Klimawandel – Zerstörung der Atmosphäre, Abschmelzen der Polkappen, Anstieg der Weltmeere – könnte es genauso gut die Menschheit sein, die diese Frage an die Erde richtet: Was passiert, wenn es uns nicht mehr gibt? Stoisch käme dann die Antwort von Mutter Erde: nicht mehr und nicht weniger als zu der Zeit, in der es euch noch nicht gab.

Tatsächlich taut der Permafrost der Arktis rasend schnell – im Vergleich zu der Zeitspanne, die es ihn bereits gibt, geradezu über Nacht. Und so ist es nur folgerichtig, dass die Forschung beim Permafrost den Begriff »tauen« verwendet. Denn Meteorologen unterscheiden zwischen »schmelzen« und »tauen«. Während das Schmelzen eine langsame, allmähliche Entwicklung beschreibt, ist das Tauen ein schnellerer – manchmal zu schneller – Prozess.

Als Permafrostboden oder Dauerfrostboden bezeichnet man unter der Erdoberfläche liegende Schichten, die sich aufgrund der niedrigen Temperaturen im Dauerfrost befinden. 17 Prozent der Erdoberfläche sind von Permafrost durchdrungen, in der nördlichen Hemisphäre macht dieser Boden sogar 25 Prozent aus. Die größten zusammenhängenden Permafrostregionen liegen in Sibirien, aber auch in Grönland,

Alaska und Kanada gibt es den *wetschnaja merslota,* »ewig gefrorenen Boden«, wie Permafrost im Russischen heißt. Permafrost kann in verschieden dicken Schichten auftreten. In Skandinavien, wo der Erdboden während der letzten Eiszeit von Gletschern isoliert wurde, sind die Schichten relativ dünn. In Sibirien aber, wo der kalte Wind zur selben Zeit unbarmherzig über die großen, weiten Flächen pfiff, erkaltete alles und der Permafrost drang in Tiefen von bis zu 1500 Metern vor. Auch heute noch ist es dort oft so kalt, dass die Menschen den sofort gefrierenden Atem als »Flüstern der Sterne« oder »Eisflüstern« bezeichnen. Doch man hört es immer seltener.

Die Jahre von 2014 bis 2018 waren seit dem Beginn der Temperaturaufzeichnungen im späten 19. Jahrhundert die fünf wärmsten Jahre in Folge. Im Norden Norwegens wurden im Sommer 2018 mehr als 31 Grad Celsius gemessen, sodass Rentiere in Straßentunneln Zuflucht vor der Hitze suchten. In Sibirien kletterte das Thermometer an den heißesten Tagen des Jahres 2020 sogar auf 38 Grad. Und diese Hitze bringt nicht nur erhöhte Waldbrandgefahr und ausfallende Ernten mit sich, sondern auch das Tauwetter.

Der Permafrost taut auf – und fördert ungeahnte Dinge zutage. *Surfacing* nennt man das im Englischen, »an die Oberfläche gelangen«. Das können ausladende kostbare Artefakte sein, wie beispielsweise Mammutskelette, für die es einen weltumspannenden illegalen Markt gibt, oder auch die winzig kleinen Nematoden. Diese dünnen, fadenähnlichen Würmer sind bis zu 42 000 Jahre alt und konnten mithilfe der Kryobiologie und der Kryomedizin wieder zum Leben erweckt werden. Die Forschung zur Aufbewahrung von Gewebe und Zellen kam damit einen enormen Schritt

Fluch und Segen: Über das Einsetzen von milderen Temperaturen
freut sich der Mensch im Frühling. Das Tauen des Permafrosts birgt
allerdings akute Gefahr für Mensch und Umwelt. | Edvard Munch,
Schneeschmelze bei Elgersburg (Tauwetter) (1906); Wuppertal,
Von der Heydt-Museum

weiter. Aber es kommen noch wesentlich kleinere, dafür umso gefährlichere Dinge zutage: Viren und Bakterien, die bereits vor Tausenden von Jahren Tiere und Menschen das Leben kosteten. Eingefroren und vergessen, verharrten sie im ewigen Frost – doch jetzt erwachen sie aus ihrem Dornröschenschlaf. Und findet sich ein geeigneter Wirt, werden sie wieder aktiv.

Auch die Entstehung von Gasen wie Kohlenstoffdioxid wird durch das globale Tauwetter gefördert. Einst im Boden der flachen, unwirtlichen Gegenden Sibiriens und Nordkanadas eingefroren, werden nun Pflanzen- und Tierreste freigesetzt. Mikroben zersetzen diese und setzen dabei enorme Mengen an Treibhausgasen frei, die als Kohlenstoffdioxid oder Methangas die Erdatmosphäre erreichen. Der Treibhauseffekt hat wiederum die Erderwärmung zur Folge. Ein unaufhaltsamer Zyklus entsteht. Der US-amerikanische Schriftsteller Richard Powers lässt in seinem mit dem Pulitzerpreis ausgezeichneten Roman *Die Wurzeln des Lebens* die Bäume selbst diesen Vorgang beschreiben: »Die Schwarzfichten [...] sagen es frei heraus: Wärme nährt neue Wärme. Der Permafrostboden gärt. Der Kreislauf beschleunigt sich.« Die Mengen, in denen das Gas aus dem frostigen Boden dampfen könnte, sind erschreckend: 1,3 Billionen Tonnen Kohlenstoff liegen eingeschlossen im Permafrost der Erde. Gelangen diese erst einmal an die Erdoberfläche, entsteht ein verstärkter Treibhauseffekt mit unvorstellbaren Folgen. Der Weltklimarat der Vereinten Nationen (IPCC) hat daher den Permafrostboden auf seine Agenda gesetzt: Sie nennen ihn »die Eistruhe der Pandora« – denn niemand weiß, was aus ihr herauskommen wird, jetzt wo sie geöffnet ist.

Verwitterung

 Metamorphose, Bodenbildung, Fäulnis, Moos

Gibt man dem Wetter Zeit und denkt nicht in Stunden, Minuten, Monaten oder Jahrzehnten, kann es Hochgebirge in pittoreske Hügelketten verwandeln, wie die Appalachen, die sich an der US-amerikanischen Ostküste entlangziehen. Sie gelten als eines der ältesten Gebirge der Welt, waren einst steil und stolz wie der Himalaja und sind heute ein von John Denver besungenes, abgerundetes und recht braves Mittelgebirge: die Blue Ridge Mountains in West Virginia.

Das Verb *verwittern*, das eigentlich »verwettern« heißen müsste, bietet dem Verfall eine Zeitspanne an, in der die Veränderung langsam dahinschleichen kann. Verwittern ist »ein intransitives Zeitwort, [es bedeutet] durch den Einfluss des Wetters zerstört werden, zerfallen, zerbröckeln«, so beschreibt es die ab 1773 erschienene *Oeconomische Encyclopädie* von Johann Georg Krünitz. Etwas, das verwittert, befindet sich im Prozess des Wandels; wohin er führt, bleibt ein Rätsel, ein Geheimnis der Zukunft. Nur eines ist sicher: An seinem Ende werden neue Elemente stehen.

Das Wetter »verwittert« Felsen, Küsten, Landschaften, aber auch Steine, die von Menschenhand aufgetürmt wurden: Kathedralen, Monumente, Triumphbögen … Regen allein kann diesen Zeugen menschlichen Ewigkeitsstrebens nicht viel antun, saurer Regen aber tilgt Erbe und Geschichte, löst den Stein auf, ätzt Löcher und macht porös. Selbst die Große Mauer von China kann diesen Naturkräften nicht standhalten und wird von Jahr zu Jahr kürzer. Heutzutage reicht bereits ein Sommerregen und ganze Türme fallen dort in sich zusammen.

Aber nicht nur auf Steine, auch auf Bäume wirkt das Wetter. Von Moos und Flechten bedeckte, standhaft der Schwerkraft trotzende Stämme, die sich mit der Windrichtung legen – man sieht sie oft in Küstennähe, wo die Böen ungebremst auf Wälder treffen –, so wächst das Krummholz oder Knieholz. Es hat nachgegeben, hat sich angepasst, ein geodynamischer Zeiger, der angibt, aus welcher Richtung der Wind weht. Krummholz ist ein starkes Holz, das seine eigene Geschichte erzählt, und trotzdem fällt es heute, in Zeiten, in denen stets nach makelloser Qualität gefragt wird, als Nutzholz durch, denn seine durch Witterung entstandene Krümmung ist nicht mehr marktgerecht. Dabei war es einst sehr begehrt: Bereits während der Bronzezeit wurden aus Krummholz Pflüge, Grabstöcke und andere Werkzeuge gefertigt. Später kam es im Schiffbau zum Einsatz und auch beim Bau von Alphörnern, Schlitten, Rädern. Die handwerkliche Fähigkeit, Holz mithilfe von Dampf zu biegen, war zwar bereits seit dem Mittelalter bekannt, wurde aber erst um 1830 durch den Tischler und Möbelpionier Michael Thonet zu einer industriell anwendbaren Technik weiterentwickelt.

Streng genommen ist auch das, was wir Boden nennen – die Erde unter unseren Füßen, die Materie, aus der Bäume und Pflanzen wachsen, die uns ernährt und in der ein Viertel aller Lebewesen der Erde lebt –, nichts anderes als eine dem Milliarden Jahre langen Verwitterungsprozess unterworfene Ursubstanz. Meteoriten, urzeitliche Winde, Regen und andere Wetterphänomene wirkten in Milliarden von Jahren auf die Erdkugel ein und erzeugten durch Verwitterungsprozesse, deren lange Zeitspannen wir mit unserem Geist kaum begreifen können, ihre Oberfläche. Flechten, eine Symbiose aus Algen und Pilzen, taten ihr Übriges dazu. Bis heute betreiben Flechten biologische Verwitterung und lösen durch ihre internen Wachstumsprozesse langsam die Steine auf, auf denen sie sich angesiedelt haben. Sie wandeln das Gestein in kleine Erdpartikel um, die sich wiederum zu Neuem zusammensetzen. Sie sind Wegbereiter und Agenten des Wandels und damit natürliche Manifestation des buddhistischen Prinzips von der Unbeständigkeit der Welt: Verwitterung als Lebensphilosophie.

Es gibt auch Tiere, die aussehen, als wären sie zu lange dem Wetter ausgesetzt gewesen: Schildkröten, Krokodile, Elefanten – bei ihrem Anblick könnte man meinen, dass Wind und Regen sich jahrzehntelang an ihnen abgearbeitet hätten. Doch haben sie einfach nur eine dicke, ledrige Haut. Beim Menschen hingegen schlägt sich Verwitterung in den Gesichtern nieder: »wettergegerbt« nennt man das. Das Wort bezeichnet eine Haut, auf der die Elemente als Furchen und Unebenheiten ihre Spuren hinterlassen haben und die für alle sichtbar Zeugnis über Lebenslauf und Charaktergeschichte ablegt. Manch einer stört sich daran; der surrealistische spanische Maler Salvador Dalí lobte hingegen sein runzeliges Antlitz in seinem Buch *The Secret Life of Salvador Dalí*: »Lasst das Labyrinth der Falten mit dem rotglühenden Eisen meines eigenen Lebens in meine Stirn einfurchen, lasst mein Haar weiß werden und meinen Schritt schwanken, unter der Bedingung, dass ich die Intelligenz meiner Seele retten kann – lasst meine ungeformte Kindheitsseele, wenn sie altert, die rationalen und ästhetischen Formen einer Architektur annehmen, lasst mich einfach alles lernen, was andere mir nicht vermitteln können, was nur das Leben tief in meiner Haut zu markieren vermag!«

VEDUTA *degli Avanzi sopra terra dell'antico Ustrino, e delle Fabbriche pertinenti al medesimo.* 1
Area. 3 *Altra parte di Muraglia quasi del tutto rovinata.* 4 *Avanzi de Portici dinanzi all'Ustrino.* 5 *Ro*
stodi, et ad altri Ministri. 6 *Torricella moderna, fabbricata sulle rovine dell'Ustrino.* 7 *Rovine di un Sepol*

and'Area dell'Ustrino. 2 Muraglia costruita di corsi di grossi Peperini, la quale circondava la grand
Framm.ᵃ di Fabbrica, contigua alla Muraglia dell'Ustrino; la qual Fabbrica serviva di abitazione a'Cu
tico.

Piranesi Archit. del. et inc.

Wer es anders ausdrücken möchte, wird womöglich das Wort »Teint« verwenden, diese wünschenswerte Bräunung der Haut, die spätestens seitdem Coco Chanel im Jahr 1923 an der Côte d'Azur sonnenverbrannt von einer Jacht stieg, bedeutete, im Geiste frei zu sein, sich nicht anzupassen. Plötzlich war da ein Gegenentwurf zu den blassen Gesichtern der Arbeiter der Industrialisierung, die in wetterfreien Räumen im Innern von Fabrikhallen oder Werkstätten malochten. Dabei galten bis zum Zeitalter der Industrialisierung sonnengebräunte, verwitterte Gesichter noch als Zeichen von Armut, und der Adel tat alles dafür, möglichst anders, also möglichst bleich auszusehen. Dazu griff man gerne auf verschiedenste Hilfsmittel zurück: Elizabeth I. von England wurde bis ins hohe Alter mit demselben makellosen Gesichtsausdruck porträtiert, ganz so, als alterte sie nicht, als könnten die Sorgen einer Königin um Land und Leute ihr nichts anhaben. In Wahrheit trug sie dickflüssiges, aus Blei und Essig zusammengerührtes Make-up, das am Ende des Tages zwar bröckelte, ihr Gesicht aber wunderbar ebenmäßig erscheinen ließ. Sie widerstand der Verwitterung durch das Alter – dabei verweist der englische Begriff *weathered* noch stärker auf den Ursprung des Wortes, als es das deutsche verwittert tut. Und tatsächlich galt Elisabeth I. beim Volk als »Wetterkönigin«, seit ihr beim Angriff der spanischen Armada auf England im Jahr 1588 ein Sturm zu Hilfe gekommen war und sie siegreich aus der Auseinandersetzung hervorgehen ließ. Ein wettergegerbtes Gesicht, dem man auch die Erlebnisse ihres Lebens angesehen hätte, hätte ihr sicherlich gut gestanden.

Abb. S. 120–121: Verfall und Patina: Der italienische Kupferstecher, Archäologe und Architekt Piranesi widmete sich dem Studium der römischen Baukunst. | Giovanni Battista Piranesi, *Rom, Ansicht der Ruinen des antiken Ustrinum* (um 1747–1778); Privatsammlung

Weltuntergang

»Dies ist die Geschichte von Himmel und Erde, da sie geschaffen wurden. […] Und alle die Sträucher auf dem Felde waren noch nicht auf Erden, und all das Kraut auf dem Felde war noch nicht gewachsen. Denn Gott der HERR hatte es noch nicht regnen lassen auf Erden, und kein Mensch war da, der das Land bebaute; aber ein Strom stieg aus der Erde empor und tränkte das ganze Land.« Dann teilt Gott das Wasser in mehrere Ströme, lässt Pflanzen, Bäume sprießen und erschafft Adam und Eva. Und offensichtlich herrscht im Paradies ein so angenehmes Klima, dass die beiden nackt sein können. Erst als Gott Adam und Eva aus dem Paradies verstößt, kleidet er sie in Felle, um sie vor Kälte und Regen zu schützen. Es beginnt die Zeit des Wetters – als Strafe Gottes. Es folgen Sintflut, Dürre, Heuschreckenplage und Sturm.

Und wie der Anfang des Menschen in der Welt wird auch sein Ende vom Wetter begleitet. In der *Offenbarung des Johannes*, dem letzten Buch des Neuen Testaments, wird die Apokalypse beschrieben: »Der erste Engel blies seine Posaune. Da fielen Hagel und Feuer, die mit Blut vermischt waren, auf das Land. Es verbrannte ein Drittel des Landes, ein Drittel der Bäume und alles grüne Gras.« Das Wort *Apokalypse* stammt aus dem Griechischen und bedeutete ursprünglich »Entschleierung«, wird aber vor allem im Christentum als »Offenbarung« gedeutet. Einst als Trostbuch für die damals bedrängten Christen gedacht, hat sich die Apokalypse heute vor allem als Weltuntergang in den Köpfen manifestiert. Und wie lässt sich ein Weltuntergang eindrucksvoller ankündigen als durch spektakuläre Wetterphänomene wie Regen, Blitz und Donner, die niemand kontrollieren kann?

Die älteste schriftliche Erwähnung eines Weltuntergangs steht in Keilschrift auf Tontafeln aus dem alten Mesopotamien: »Freund, ich sah einen dritten Traum, / Und der Traum, den ich sah, war ganz entsetzlich: / Auf schrien die Himmel, das Erdreich dröhnte –! / Der Tag erstarrte, die Finsternis kam heraus, / Auf blitzte ein Blitz, es entlodert' ein Feuer, / wurden immer dichter, es regnete Tod. / Dann wurde rot das weißglühende Feuer und verlosch; / Alles aber, was da herabfiel, ward zu Asche« (*Epos von Gilgamesch*, um 1200 v.Chr.).

Auch in den nordischen Heldensagen der *Edda* begleitet das Wetter den Weltuntergang. Eingeleitet wird Ragnarök, das »Schicksal der Götter«, vom Fimbulwinter, einem drei Jahre andauernden Winter, dessen Frost Tier und Mensch den Hungertod bringt. Sonne und Mond werden von zwei Wölfen verschlungen, der Ozean tobt, Flutwellen türmen sich auf, die Sterne verschwinden vom Himmel, die Erde bebt, Bäume werden entwurzelt, Berge stürzen ein.

Die Sorge um einen ebensolchen Winter, gefolgt vom Weltuntergang, trieb womöglich auch den Wikingerhäuptling Varinn an, als er um das Jahr 800 in Gedenken an seinen Sohn Vāmōð den Rök-Runenstein auf Ostgotland errichten ließ. Rund 750 altnordische Runen füllen jeden Zentimeter des Obelisken – weit mehr Zeichen, als gewöhnlich auf solchen Steinen zu lesen sind. Doch was auf den ersten Blick nach epischer Kriegsbeschreibung aussieht, könnte neuen Interpretationen zufolge eine Reaktion auf den damals stattfindenden Klimawandel gewesen sein. Forscher gehen davon aus, dass die Inschrift eine Ansammlung von Rätseln

Untergang und Neuanfang: Heute oft als Strafe Gottes für die Menschen gedeutet, war die Apokalypse in Bibel ursprünglich als Trost- und Hoffnungsschrift für die unterdrückten Christen im Römischen Reich gedacht. | Albrecht Dürer, *Die Eröffnung des sechsten Siegels* (aus der Folge: *Die Apokalypse*) (um 1497/98)

darstellt, die an den Vulkanausbruch von 563 erinnern sollen. Dieser hatte einen dramatischen Kälteeinbruch zur Folge, bei dem über die Hälfte der skandinavischen Bevölkerung ihr Leben verlor. Anlass für den Gedenkstein könnte dann – neun Generationen später – der Anblick anderer, ähnlich dramatischer Wetterphänomene gewesen sein: Im Jahr 775 führte ein Magnetsturm zu ungewöhnlicher Himmelsröte und 810 war es eine Sonnenfinsternis, die Dunkelheit, Stille und Wind mit sich brachte. Und so ist es tatsächlich nicht abwegig, dass die Inschrift des Rök-Steins den Zusammenhang von Wetter und Tod beschreibt – und ihr Verfasser auf das Ende der Welt wartete.

Dabei haben Wissenschaftler festgestellt, dass Menschen sich an Wetteranomalien gewöhnen. Nach zwei bis acht Jahren wirkt offenbar jede Art von Wetter normal. Doch auch wenn man sich das bei Kälteeinbrüchen oder starken Regenfällen vorstellen kann, kann man sich an so etwas wie eine Heuschreckenplage sicher nicht gewöhnen. Solch ein Ereignis, wie es beispielsweise in der Bibel bei Moses über Ägypten hereinbricht, aber auch ganz aktuell 2020 über Ostafrika und Südasien, wird dabei zunächst einmal nicht als Wetterphänomen gewertet. Dabei ist es, wie man heute weiß, doch eng mit dem Wetter verbunden. Im Jahr 2020 konnte man mithilfe von Satelliten endlich den Ursprung dieser Plage ausmachen: Aufgrund der unterschiedlichen Wärme des Wassers zwischen den westlichen und östlichen Gefilden des Indischen Ozeans kommt es dort gelegentlich zu Zyklonen. In letzter Zeit häuften sich diese und verursachten entweder heftige Wetterlagen in Australien wie Sturmfluten, Trockenperioden und sogar Buschfeuer oder regneten auf der Arabischen Halbinsel über der Wüste Rub al-Chali (was auf Deutsch so viel bedeutet wie »leeres Viertel«) ab. Fällt Regen in dieser trockenen Sandwüste, verwandeln sich die Täler zwischen den Dünenkämmen zu kleinen Seen. Regnet es häufiger, bleiben diese Seen bestehen und entpuppen sich als idealer Brutraum für Heuschreckenlarven. Je länger ein solcher See existiert, desto länger hat eine Heuschreckenpopulation Zeit, sich zu vermehren. Eine Generation vermehrt sich zwanzigfach, in der vierten Generation kann die Population auf das 8000-Fache angewachsen sein. Wenn die Heuschrecken ausschwärmen, fliegen sie gen Afrika in die Gebiete von Somalia, Äthiopien und Kenia. Sind dort die Felder bereits bestellt, werden sie restlos abgefressen, die Nahrungsgrundlage mehrerer Tausend Menschen zerstört. Es ist eine Katastrophe von wahrhaft biblischem Ausmaß.

Wetterfront

 dunkel, bedrohlich, unbeständig

»Soldaten bekämpfen mehr als den Feind. Sie kämpfen gegen die Topografie. Sie kämpfen gegen die Zeit. Aber vor allem kämpfen sie gegen das Wetter«, schreibt Ginger Strand in ihrem Buch *The Brothers Vonnegut – Science and Fiction in the House of Magic.* Sie erzählt darin von den beiden Vonnegut-Brüdern und deren Verstrickungen in die Forschung der militärischen Wettermanipulation der USA zu Zeiten des Kalten Krieges. Bernard arbeitete damals für den amerikanischen Konzern General Electric und war maßgeblich an der Erfindung von künstlichem Regen beteiligt, Kurt war für die Öffentlichkeitsarbeit zuständig, bevor er ein angesehener Schriftsteller werden sollte.

Und man muss Ginger Strand recht geben: Wind, Kälte, Regen oder Nebel haben mitunter mehr zum Sieg in einer kriegerischen Auseinandersetzung beigetragen als Heeresgröße oder Waffenkraft. So war es die richtige Einschätzung der Wetterlage, die den Athenern bei einer Teilschlacht des Peloponnesischen Krieges den Sieg gegen die Spartaner brachte, obwohl die Athener in der Minderheit waren. Im 13. Jahrhundert wurde der Angriff der Mongolen auf Japan von einem Taifun abgewehrt, der seither *kamikaze* (»göttlicher Wind«) genannt wird. Besonders wenig Glück mit dem Wetter hatte Napoleon – sein Angriff auf Waterloo ging im Regen unter, sein Russlandfeldzug im Schnee: »Eiskristalle schwebten in der Luft und Vögel fielen aus den Bäumen«, berichteten die Überlebenden.

Und letztendlich spielte das Wetter auch beim Ende des Zweiten Weltkriegs eine entscheidende Rolle. Präsident Eisenhower zog bei der Vorbereitung der Landung der Alliierten in der Normandie den Norweger Sverre Petterssen zurate, dessen Spezialgebiet die Analyse von Luftmassen war. Ginger Strand beschreibt, wie Petterssen den genauen Angriffstag für den D-Day bestimmte und damit den weiteren Verlauf der Weltgeschichte entschied: »Der Himmel sah klar aus, aber die Lage in der oberen Luft war instabil. Petterssen teilte Eisenhowers Team mit, dass das Wetter wahrscheinlich schlecht werden und die Invasion zunichtemachen werde. Er stützte sich bei dieser Vorhersage nicht nur auf das, was er beobachten konnte, sondern auch auf die Vorstellung, dass hoch oben am Himmel große Windmuster gegeneinander kämpfen würden, atmosphärische Echos des Zusammenstoßes der Armeen unten. Solche Windmuster sind heute allgemein bekannt, aber in den 1940er-Jahren glaubte nicht jeder, dass das Wetter von den riesigen, unsichtbaren Luftmassen geprägt wurde, denen die Meteorologen einen kriegerischen Namen gegeben hatten: Fronten. [...] Der D-Day wurde um vierundzwanzig Stunden verschoben, und tatsächlich wurde das Wetter stürmisch. Der nächste Tag sah nicht besser aus, aber Petterssen wies auf den sich ändernden Luftdruck hin als Zeichen dafür, dass sich das Wetter verbessern würde. Vor dem nächsten schlechten Tag werde es ein Zeitfenster für die Offensive geben. General Eisenhower setzte dank Petterssens Vorhersage alles auf eine Karte und startete den Angriff.« Der Rest ist Geschichte.

Über die Wetterlage am D-Day hinaus gibt der Text einen Hinweis darauf, woher die Wetterfront ihren Namen hat: Es sind die die zusammenstoßenden Luftmassen, verflochten mit klassischem Kriegsvokabular. Aber nicht nur Kriegsvokabular beeinflusst Wetterbegriffe, es geht auch umgekehrt: Blitzkrieg, Nebelwerfer, Bombenwetter. Letzteres wird heutzutage durchaus positiv verwendet, dabei geht der Begriff auf eine Zeit zurück, in der man klare Sicht brauchte, um bei Fliegerangriffen die tödliche Fracht abzuwerfen. Und in der modernen Kriegsführung ist ein weiteres atmosphärisches Wort dazugekommen: die Wolke. Wo Kriege anhand von Datenanalysen stattfinden, sind es mitunter Datenwolken, die über Sieg oder Niederlage bestimmen.

Wetterkleidung

 warm, bequem, regenfest

»Als ich die Insel schließlich verließ, nahm ich zum Andenken die große Mütze aus Ziegenfell, die ich selbst gemacht hatte, den Schirm und einen meiner Papageien mit aufs Schiff.« Daniel Defoes Geschichte über Robinson Crusoe bleibt in ihrem Kern zeitlos, obwohl sie bereits 1719 veröffentlicht wurde. Was würde man tun, wenn man wie Robinson allein auf einem Eiland gestrandet ist, für unbestimmte Zeit und ohne Ressourcen außer dem, was die Insel und das Meer hergeben? Die Ausgangssituation des Romans wirft unweigerlich die Frage nach dem Kern des Menschseins auf, mehr vielleicht als manch eine philosophische Abhandlung. Robinson Crusoe lässt uns in seinem Tagebuch an seinen Gedanken teilhaben. Darin schreibt er nicht über die Farben des tropischen Sonnenuntergangs oder über den Klang des herabfallenden Regens, nicht vom fahlen Mondlicht, von der frischen Meeresluft oder den Wolkenformationen über dem Ozean. Stattdessen schildert er, wie er unaufhörlichem monsunartigem Prasselregen und der unerbittlichen Sonne ausgesetzt ist – und wie er sich vor ihnen schützt. Zwar wird er Fellhut und Sonnenschirm nach seiner Rückkehr nach London wohl nie beim Flanieren im Park tragen, dennoch sind sie ihm so wichtig geworden, dass sie – neben einem Papageien und ein paar Goldmünzen – zu den wenigen Dingen zählen, die er mit zurück in die Zivilisation nimmt. Sie sind für ihn zu einem Symbol für seinen Kampf ums Überleben und den Trotz wider die Naturgewalten geworden.

Kleidung als Mode ist Selbstdarstellung. Kleidung als Schutz vor dem Wetter zeugt von Fingerfertigkeit, von Einfallsreichtum, vom Umgang mit den zur Verfügung stehenden Ressourcen. Das eine schließt das andere nicht aus, denn Identität kann auch über Funktionskleidung transportiert werden. Leonhard Cohen benennt sogar einen seiner legendärsten Songs nach einem solchen Kleidungsstück: Es gab ihn wirklich, diesen Regenmantel, den *Famous Blue Raincoat*, wie der Sänger 1975 in einem Interview offenbarte: »Damals hatte ich einen guten Regenmantel, einen Burberry, den ich 1959 in London gekauft hatte [...] Er hing heldenhafter an mir, als ich das Futter herausnahm, und erlangte Berühmtheit, als ich die ausgefransten Ärmel mit ein wenig Leder ausbesserte. [...] Ich wusste damals, wie man sich gut kleidete.«

Die ersten Regenmäntel kamen um 1824 auf und waren aus Gummi gefertigt wie der schottische Macintosh. In dieser Tradition standen in ihren Anfängen auch der Kleppermantel aus Rosenheim und der beliebte Friesennerz. Als Alternative zu den Gummimänteln entwickelten sich welche aus gewachstem Baumwollstoff, eine Idee, die ursprünglich aus der Segelindustrie stammte: Matrosen hatten nämlich festgestellt, dass gewachste Segel besser den Wind halten als unbehandelte, weshalb man diesen Trick bald darauf auch auf Kleidungsstücke anwendete. Eine Zeit lang war PVC das Material der Stunde, doch da man darunter zu sehr schwitzt, werden die meisten Regenjacken und -mäntel heutzutage aus atmungsaktiven synthetischen Stoffen hergestellt.

Dabei ist laut der von der Oxford University Press herausgegebenen *Encyclopedia of Climate and Weather* der beste Schutz gegen Regen die Nacktheit: »Regen ist für den Menschen bei niedrigen Temperaturen am gefährlichsten, da

Nässe die Gefahr einer Unterkühlung erhöht, aber auch bei warmem Wetter kann es unangenehm sein, nass zu werden, vor allem, wenn der Brauch es vorschreibt, dass viel Kleidung getragen werden muss. Einige Bewohner der feuchten Tropen passen sich dem Regen an, indem sie kaum oder gar nicht bekleidet sind; mit dieser Strategie schützen sich sogar die indigenen Völker in kalten Klimazonen wie der pazifischen Nordwestküste Amerikas und Patagoniens an der Südspitze Südamerikas vor dem Regen.«

Auch in Europa riet man zu Beginn des 20. Jahrhunderts zu mehr Nacktheit, allerdings nicht als Mittel gegen den Regen, sondern vielmehr um sich der Sonne auszusetzen: Aufgrund der strengen Sittenregeln, die den Europäer, so meinte man damals, vom »Wilden« in den Kolonialgebieten unterschieden, liefen die Menschen immer zugeknöpfter herum. Frauen schnürten sich in Korsetts ein, trugen schaukelnde Krinolinen um die Hüften und überschatteten ihre Gesichter mit ausladenden Hüten. Und das war schlecht für Knochendichte und Gemüt, denn wie sollte da selbst im Hochsommer die Vitamin-D-Produktion angekurbelt werden? In sogenannten Lichtbadeanstalten konnte man sich daher für ein paar Stunden nackt ausziehen und die Sonne auf den Körper scheinen lassen. Natürlich streng getrennt, in separaten Bereichen für Frauen und Männer.

Ansonsten galt aber weiterhin, sich vor dem Wetter zu schützen – und der Blick auf die Wetterschutzkleidung ist auch immer ein Blick in die Geschichte der Materialforschung. Bis zum Beginn der Industrialisierung musste man das nutzen, was die Natur hergab. Die Entdeckung der elastischen Eigenschaften von Walbarten zum Beispiel erlaubte es, das Fischbein überall da zu verwenden, wo biegsame, leichte

Streben benötigt wurden wie bei Korsetten oder Schirmen. Zwar gab es Schatten spendende Schirme schon sehr früh und über alle Kontinente verteilt bei den alten Ägyptern, Chinesen und Römern, aber erst dank der Walbarte wurden sie leicht – und somit straßentauglich. In Frankreich und England wurden *parasol* (»für die Sonne«) und *umbrella* (wahrscheinlich vom lateinischen *umbra*, also »Schatten«) Anfang des 18. Jahrhunderts salonfähig. Mit der Zeit erfuhr der Regenschirm einige weitere praktische Modifikationen, wie das Zusammenklappen und Einschieben. Man mag meinen, wir hätten das Ende der Fahnenstange längst erreicht. Doch allein im Jahr 2008 lagen dem US-amerikanischen Patentamt mehr als 3000 Anträge mit Innovationen rund um den Regenschirm vor, die von den immerhin vier Angestellten in der Patentklasse »Regenschirm« abgearbeitet werden. Nach Regenschirm und Regenmantel kamen die Gummistiefel als Erfindung hinzu, die erst mithilfe des chemischen Vulkanisierungsprozesses hergestellt werden konnten: Das so gewonnene neue Gummi hat dauerelastische Eigenschaften und kehrt bei mechanischer Beanspruchung stets in seine Ausgangslage zurück, ist zudem reißfester, dehnbarer und nicht zuletzt auch alterungs- und witterungsbeständiger als die Gummistiefel-Vorläufer, wie die südamerikanischen Ureinwohner sie provisorisch hergestellt hatten. Und noch heute gibt es in Südafrika einen »Gummistiefel-Tanz«, der an die schwarzen Arbeiter in den Goldminen von Johannesburg erinnert, die ab dem Ende des 19. Jahrhunderts Gummistiefel trugen, nachdem sich die weißen Aufseher endlich dazu durchgerungen hatten, ihnen festes Schuhwerk zuzugestehen. Den Arbeitern waren in den feuchten Tunneln buchstäblich die Füße abgefault. Das Sprechen war

Dem Wetter trotzen: Der sogenannte Südwester, die wasserdichte
Kopfbedeckung der Seeleute, wurde zur Zeit der Entstehung des Bildes
aus Öltuch hergestellt. | Winslow Homer, *Eight Bells* (1886); Andover,
Addison Gallery of American Art

den Männern während der harten Arbeit verboten, was aber aufgrund der vielen verschiedenen Stammesherkünfte ohnehin kaum möglich gewesen wäre. Es fehlte ihnen schlicht die gemeinsame Sprache. Um diese dunklen Stunden unter Tage aber überhaupt überstehen zu können, entwickelten sie eine Form der Kommunikation, bei der sie die Gummistiefel zur Hilfe nahmen: Sie tanzten und klopften, steppten und traten und bewahrten sich dadurch ihre Lebensgeister. Der Gummistiefel-Tanz – *Isicathulo*, abgeleitet vom Wortstamm *-cathúla* (»schlurfen«, »watscheln«) aus der Zulu-Sprache – ist heute noch ein lebendiger Teil der südafrikanischen Kultur. Auf Umwegen gelangte ein solcher *gumboot song* zu dem US-amerikanischen Sänger und Songwriter Paul Simon, dessen Interesse sofort geweckt war. Er reiste nach Südafrika, nahm dort sein Album *Graceland* auf und erschuf damit einen Meilenstein der Musikgeschichte.

Smartwool, Heat Tech, Nano Stitch, Thinsulate, Thermoball, Coreloft, Cold Gear, ColdPruf oder TechWick sind nur ein paar Namen von Hightech-Wetterschutzmaterialien von Outdoorfirmen, die alle trockene, warme Stunden versprechen. Dabei muss es eigentlich gar nicht so hochtechnisiert sein, um sich bei jedem Wetter wohlzufühlen. Ein Blick auf die First Nations wie die Nuu-chah-nulth auf Vancouver Island an der Nordwestküste Amerikas zeigt, dass es in der Natur genug Ressourcen zum Schutz vor Feuchtigkeit und Kälte gibt. Als sehr geeignet haben sich die hohen Zedern der Küstenregion erwiesen, in deren Rinde sich wasserabweisende Stoffe befinden. Die Nuu-chah-nulth haben eine Methode entwickelt, die Rinde zu flechten und zu verschiedenen Kleidungsstücken zu verarbeiten. Schamanen begeben sich in Trance, um – je nach Kleidungsstück und dessen benötigte

Eigenschaften – den perfekten Baum zu finden. Nichts soll verschwendet werden – sie fertigen daraus Windeln, Umhänge, Kleider, Schuhe und Leichentücher. Nachhaltiger geht es im Grunde gar nicht.

Ähnliches berichten Polarforscher bis heute über die Funktionalität der ursprünglichen Kleidung der Ureinwohner aus den Polarregionen. Die Menschen dort müssen sich nicht nur mit ihrer Ernährung an die karge Landschaft anpassen, sondern auch Schutz vor Wind und Wetter finden. Und sie sind so sehr mit ihren Tieren vertraut, dass sie jedes optimal für ihre Zwecke zu nutzen wissen. Das Herbstfell der Karibus ist besonders gut dafür geeignet, Wärme zu speichern. Zum Nähen werden Sehnen verwendet, die, wenn sie nass werden, aufquellen und so das Kleidungsstück wasserdicht machen. Aus Lachshaut fertigt man wasserdichte Taschen. Und aus den durchsichtigen Därmen der Bartrobbe werden Fenster hergestellt. In einer Veröffentlichung mehrerer kanadischer Forschungsinstitute aus dem Jahr 1995 verglich man moderne Hightech-Stoffe mit traditioneller Inuit-Kleidung, und siehe da: In allen Kategorien schnitt die indigene Kleidung besser ab. Sie hielt nicht nur länger warm an Füßen, Fingern und Körpermittelpunkt, sondern war auch noch bequemer und zeigte weniger Verschleiß.

Wie zahlreiche Mythen rund um die Welt aufzeigen, beginnt Kulturgeschichte traditionell mit der Arbeit von Frauen, nämlich mit dem Spinnen und Weben. Die damit erzeugten Produkte ermöglichen es dem Menschen erst, in unbekannte, wetterwidrige Regionen vorzudringen, Neues zu entdecken und den eigenen Horizont zu erweitern. Ein extremes Beispiel dafür schildert Nicholas de Monchaux in seinem 2011 erschienen Buch *Spacesuit: Fashioning Apollo*:

Darin beschreibt er, wie Näherinnen die Raumanzüge von Neil Armstrong und seinen Kollegen Lage für Lage von Hand zusammennähten. Keine Maschine wäre dazu in der Lage gewesen, eine so komplizierte – und für die Astronauten lebenswichtige – Aufgabe zu bewerkstelligen. Nur die langjährige Erfahrung der Näherinnen bot Schutz gegen die feindlichen Einflüsse der fremden, fernen, wetterlosen Mondumgebung.

Wettermanipulation

»Die Welt wird Tlön sein«, heißt es am Ende der fantastischen Kurzgeschichte *Tlön, Uqbar, Orbis Tertius* von Jorge Luis Borges aus dem Jahr 1940. In ihr entdeckt der Erzähler die Infiltrierung der Welt durch die sich häufenden Übergriffe des ursprünglich fiktiven Landes Tlön. Tlön ist »ein von Menschen entworfenes Labyrinth«, das verheerende Auswirkungen auf die Welt hat: »Die Berührung und der Umgang mit Tlön haben diese unsere Welt zersetzt.« Und der Mensch? Begeistert von seiner eigenen, seine Sehnsüchte befriedigenden Erfindung, verliert er den Bezug zum transzendentalen Wesen der Welt: »Bezaubert von Tlöns strenger Gesetzlichkeit, vergisst die Menschheit ein ums andere Mal, dass es eine Gesetzlichkeit von Schachspielern, nicht von Engeln ist.« Was passiert, wenn Fiktion immer mehr zur Realität wird? Wenn der Mensch die Manipulation zwar als solche erkennen, ihren Einfluss in der Wirklichkeit aber nicht mehr zurücknehmen kann, sie immer mehr Fahrt aufnimmt und ihre Folgen nicht mehr absehbar sind? Spinnt man die Idee von Tlön weiter, gibt es nur noch wenige letzte Refugien in unserer Welt, in der sich Unvorhergesehenes noch aufbäumen kann, in der die Engel die Gesetze schreiben und Geheimnisvolles passieren darf: Eines dieser Refugien ist das Wetter.

Doch auch dieses Phänomen scheint langsam in Menschenhände zu fallen. Der Mensch will selbst über das Wetter entscheiden und so wenden Staaten, Konzerne und

Eventmacher alle ihnen zur Verfügung stehenden Mittel an: Wettermanipulation, Wetterkontrolle oder Wettermachen ist keine Zukunftsmusik mehr, sondern Ingenieurskunst, die im 21. Jahrhundert frei »zum Wohle aller« eingesetzt wird. Schon der antike griechische Schriftsteller Plutarch vermutete, dass Lärm wetterverändernde Eigenschaften hat, und schrieb in seinen Parallelbiografien: »Außergewöhnliche Regenfälle fallen oft nach großen Schlachten; mag sein, dass irgendeine göttliche Kraft auf diese Weise die Verschmutzten reinigt und die Erde mit Schauern von oben wäscht.« Doch erst im 18. Jahrhundert vermochte Placidus Heinrich in seiner Schrift *Über die Wirkung des Geschützes auf Gewitterwolken* die naturwissenschaftlichen Erkenntnisse zu beschreiben, die dann zu Beginn des 20. Jahrhunderts tatsächlich großflächig eingesetzt wurden: 15 000 wetterschießende Installationen soll es um 1900 in Frankreich, Italien und Österreich-Ungarn gegeben haben, und sie kommen auch heute noch in der deutschen Landwirtschaft zum Einsatz. Meist werden dabei durch eine Propangasexplosion Schallwellen erzeugt, die verhindern sollen, dass sich Eiskristalle um Schmutzpartikel in der Luft bilden. Dadurch gibt es Regen statt Hagel – und die Ernte ist außer Gefahr. In Mexiko hat auch ein deutscher Automobilhersteller neben seinem Werk Schallkanonen aufgestellt, um die frisch fabrizierten Neuwagen vor den oft auftretenden Hagelschauern in dieser Region zu schützen. Die mexikanischen Bauern protestierten 2018 dagegen, da seit der Verwendung dieser brachialen Geschütze immer länger anhaltende Trockenperioden eintreten würden. Der Konzern antwortete, dass gar nicht ausreichend nachgewiesen sei, ob und wie man mit Schallkanonen das Wetter überhaupt beeinflussen könne – wobei das natürlich die Frage provoziert, warum das Unternehmen dann überhaupt darauf gesetzt hatte.

Eine ebenfalls verblüffende Idee hatte 1843 der »Sturmkönig«, als er einen gigantischen Wald anbauen lassen wollte, der sich über 1100 Kilometer entlang der kanadisch-US-amerikanischen Grenze an den Rocky Mountains erstreckt. Und den er dann – bei Bedarf – abbrennen lassen wollte. James Pollard Espy, erster offizieller staatlicher Meteorologe der USA und Pionier der Sturm- und Regenforschung, wollte damit seine Theorie testen, dass man mit Wärme auch Wolken und damit Regen erzeugen könne. Sein immerhin ehrenwertes Ziel war es, die häufig auftretende Trockenheit im Mittleren Westen zu bekämpfen. Seine Gegner argumentierten, das Wetter sei »eine Macht, die niemand außer Gott gerecht beherrschen kann. Solange man es der Versuchung des Egoisten überlässt, wird es die Reichen reicher und die Armen ärmer machen«.

Eine andere Möglichkeit, Regen zielgerichtet abregnen zu lassen, ist das *cloud seeding* oder Wolkenimpfen. Hierbei wird Silberjodid in die Wolken geschossen. Silberjodid bindet kondensierte Wassertropfen extrem gut und sorgt einerseits dafür, dass Hagelkörner kleiner werden und dadurch weniger Schäden verursachen können, und andererseits, dass sich schwerere Wassertropfen in den Wolken bilden, die dann geplant abregnen können. In Skigebieten der USA wird dieses Prinzip schon seit Jahren angewendet, um es im Winter öfter schneien zu lassen. Ein britisches Luxusreisebüro setzt diese Methode vor allem dann ein, wenn es für umgerechnet rund 110 000 Euro ein regenfreies Hochzeitsfest garantieren soll. Und auch im Europäischen Patentamt liegt das Patent Nr. EP 1 491 088 vor. Dahinter steckt eine thailändische Erfindung, der sogenannte *Fon Luang*, der

»königliche Regen«: König Bhumibol Adulyadej ließ 1956 Chemikalien entwickeln, die ähnlich wie das Silberjodid die Wolken zum Abregnen anregen und somit Dürreperioden vorbeugen. In Thailand wird dem König daher bei jedem Kinobesuch gehuldigt: Bevor der Hauptfilm beginnt, werden Bilder von dürren Landstrichen eingeblendet, gefolgt von fallendem Regen und dem Bild des Königs.

In China gibt es seit den 1980er-Jahren sogar ein »Wetterän-derungsamt«, in dem über 37 000 Menschen arbeiten und das entscheidet, wann es Zeit wird, Smog und Wolken ab-regnen zu lassen – wie zum Beispiel vor den Olympischen Spielen 2008. Abgesehen davon, wird dort momentan das weltweit größte Wolkenimpfprojekt umgesetzt, das interna-tional als radikales Geoengineering angeprangert wird: Beim staatlichen *Tianhe*-Projekt, dem »Himmelsfluss-Projekt«, will China sechs Satelliten ins Weltall schicken, die Wolken-ströme, insbesondere Monsunwolken, überwachen sollen. Diese können dann gegebenenfalls umgelenkt werden in Richtung tibetische Hochebene, in der Trockenheit und zu hohe Temperaturen die Vegetation zunehmend bedrohen. Um die »Bewässerung« zu beschleunigen, stehen gut 500 Verbrennungskammern auf einer Fläche dreimal so groß wie Spanien bereit, die kontinuierlich Silberjodid in die At-mosphäre pusten. Weltweit wird das Projekt wegen seiner gigantischen Ausmaße nicht nur als Wettermanipulation, sondern gar als Klimaveränderung eingeordnet. Und der Welt bleibt nichts anderes übrig, als zuzusehen.

Die einzige Möglichkeit, gegen eine von Menschen gemach-te Veränderung des Wetters vorzugehen, sind Eingriffe, die unter die Kategorie der wettermanipulativen Kriegsführung fallen und seit 1978 laut der ENMOD-Konvention (Convention on the Prohibition of Military or Any Other Hostile Use of Environmental Modification Techniques; dt.: Umweltkriegsübereinkommen) verboten sind. Ausschlaggebend für das ENMOD-Abkommen, das bislang von 77 Staaten unterzeichnet wurde, waren Einsätze des amerikanischen Militärs während des Vietnamkrieges, in denen mittels *cloud seeding* die Monsunregenfälle Vietnams so stark beeinflusst wurden, dass die Versorgung der vietnamesischen Truppen so gut wie zusammenbrach.

Aber auch die Chinesen selbst bangen um ihre Umwelt und entwerfen düstere literarische Szenarien. Junge chinesische Science-Fiction-Autoren und -Autorinnen – eine literarische Welle, die seit Liu Cixins *Die drei Sonnen* auch in Deutschland angekommen ist – greifen das Thema Wettermanipulation auf und entwickeln es weiter. In *Der Schnee von Jinyang* von Zhang Ran strandet der Zeitreisende Wang Lu ohne Treibstoff in der Stadt Jinyang. Seine einzige Möglichkeit, neuen Strom zu erzeugen, besteht in der Erschaffung eines höchst unwahrscheinlichen Wetterphänomens: »Ein Schneesturm im Sommer verursacht die Spaltung des Universums und würde genug Energie für einen halben Tag mindestens freisetzen.« Wang Lus Wunsch, das Wetter für seine Zwecke kontrollieren zu können, wird unbändig: »Seine Tränen vermengten sich mit Blut. Er knirschte mit den Zähnen und murmelte in sich hinein: ›Mach schon, mach schon, mach schon! Lass es sofort schneien!‹« Wie es ausgeht, wird an dieser Stelle nicht verraten. Ein paar Geheimnisse muss es auf dieser Welt noch geben.

Wetterzauber

»›Wann treffen wir drei wieder zusamm?‹/›Um die siebente Stund', am Brückendamm.‹/›Am Mittelpfeiler.‹/›Ich lösche die Flamm.‹/›Ich mit.‹/›Ich komme vom Norden her.‹/›Und ich vom Süden.‹/›Und ich vom Meer.‹« Es herrscht ein starker Wind, als am 28. Dezember 1877 die Brücke zwischen Dundee und Edinburgh einstürzt und dabei alle Insassen des passierenden Zuges mit in den Abgrund reißt. Theodor Fontane lässt in seiner berühmten Ballade von der *Brück' am Tay* drei Hexen zu Werke gehen, die mit ihrem Wetterzauber das historische Ereignis heraufbeschwören.

Für den christlichen Bischof Agobard von Lyon, der um 815 die Schrift *De grandine et tonitruis* (»Über Hagel und Donner«) verfasste, gab es hingegen nur eine Macht, die in der Lage war, das Wetter zu verändern – und das war Gott. Agobard verzweifelte geradezu daran, dass Bauern und Tagelöhner ihr Geld, statt es der Kirche zu überlassen, lieber Scharlatanen in den Rachen warfen – wobei er vor allem die sogenannten *tempestarii* anprangerte, Zauberer, die behaupteten, sie könnten das Wetter beeinflussen. Der Vorwurf lautete, dass diese Wetterzauberer mit fremden Mächten zusammenarbeiteten, mit »dem Bösen« kollaborierten, mit fremden Völkern in Luftschiffen oder gar dem Teufel selbst. Bereits im Jahr 692 n. Chr. wurden während der Trullanischen Synode in Konstantinopel »Wolkenvertreiber« zu sechs Jahren Kerkerstrafe verurteilt. Aber wie konnte man es den Bauern verübeln? In einer Welt, in der Ackerbau noch nicht so steuerbar war wie heute, war die menschliche Ohnmacht gegenüber der Wettergewalt groß und jegliche Einflussmöglichkeit willkommen.

Regenzauber als magische Methode, um Niederschlag herbeizuführen, gibt es in vielen Kulturen: von den alten Ägyptern über die indigenen Völker Nordamerikas bis hin zu den Bewohnern des slawischen Kulturraums – sie alle praktizierten Regentänze, um das Wetter zu beeinflussen. Und die heutigen Anthropologen schauen ganz genau hin: Es sind sowohl die dahinterstehenden gesellschaftlichen Strukturen als auch das über Generationen weitergetragene intrinsische Wissen, das diesen Zaubern innewohnt, die von großem Interesse sind. Auch in Kenia ist die Tradition der Regenbeschwörung tief verankert. Und es ist nicht nur die Beeinflussung des Wetters, sondern auch seine Vorhersage, die den Regenmachern dort zugesprochen wird. Beides ist eng miteinander verknüpft und kann, neben den magischen Kräften der Regenmacher, auch mit ihren hervorragenden Kenntnissen über die Natur verbunden sein. So beobachten die Regenmacher der Bunyore die Flora und Fauna im Nganyi-Wald, um das Wetter vorherzusagen – und treffen dabei Vorhersagen, die genauso akkurat sind wie die, die durch wissenschaftliche Messinstrumente zustande kommen. »Der Wald besitzt eine unberührte biologische Vielfalt, die der Gemeinde Bunyore seit Generationen hilft, die Wetterbedingungen vorauszusagen«, betont die Religionswissenschaftlerin Sussy Gumo. Doch auch dort kämpft man mit den Folgen des Klimawandels. Denn wenn die Biodiversität im Nganyi-Wald verloren geht, wird es unmöglich, die richtigen Zeichen zu lesen – und dann sind selbst die Magier aufgeschmissen.

Wind

»Denn es entsteht ja der Wind, wenn die Luft erregt und bewegt wird«, schrieb im 1. Jahrhundert v. Chr. der römische Philosoph Lukrez in seinem Lehrgedicht *De rerum natura* (»Die Natur der Dinge«). Und wenn er entsteht, ist seine Wirkung beachtlich. Der Wind rauscht in Blättern, rüttelt an Ästen oder stürmt und tobt übers Land und kann dabei Bäume entwurzeln. Er treibt Waldfeuer oder Heuschreckenschwärme vor sich her. Er wechselt in Windeseile die Richtung, verwandelt sich in Windhosen und schwächt zu einer Brise ab. Man kann ihn riechen, hören, fühlen – doch niemals anfassen.

Das Spannungsverhältnis aus der Unsichtbarkeit des Windes selbst und seinen doch deutlich wahrnehmbaren Auswirkungen lässt ihn in der Literatur oft zum Auslöser oder Vorboten von folgenschweren Ereignissen werden. In Homers *Odyssee* wird er eingefangen in einem Beutel: Als Odysseus' Matrosen diesen kurz vor ihrem Ziel öffnen, weil sie darin Wein vermuten, stürzen die Winde der vier Himmelsrichtungen daraus hervor. Es wird ein Jahrzehnt dauern, bis Odysseus und seine Männer ihren ursprünglichen Kurs wieder aufnehmen können. Die Winde, die sich in ihren Segeln verfangen haben, schicken sie auf eine Irrfahrt, zu Orten, Menschen und Ungeheuern, die sie ohne die Willkür der Winde nie aufsuchen würden. Bei Edgar Allan Poe wird der Wind in *Der Untergang des Hauses Usher* zum unheimlichen Omen für den weiteren grausamen Verlauf der Geschichte: »Die ungeheure Wut des

Brise, Sturm, Orkan: Verschieden starke Winde tragen unterschiedliche Namen. Der Begriff »Wind« kommt vom althochdeutschen *wint*, gleichbedeutend mit lateinisch *ventus*, und bedeutet »der Wehende«. | Emil Orlik, *Ein Windstoß* (1901); Privatsammlung

hereinstürmenden Orkans hob uns fast vom Boden empor. Es war wirklich eine sturmrasende, aber doch sehr schöne Nacht, die grausig seltsam war in Schrecken und in Pracht.« Doch Wind kann nicht nur Stimmungen tragen, sondern auch Gerüche. »Pflanzen und Blumen / gezüchtet in meiner Hütte / dem Wind überlassen«, schreibt der japanische Zen-Mönch Ryōkan und hält damit den Moment fest, in dem der Duft der Blumen vom Wind in die Ferne getragen wird. Duftmoleküle wie Terpene, Hauptbestandteil ätherischer Öle, werden von Pflanzen in die Atmosphäre abgegeben, wo sie vom Wind ergriffen und fortgetragen werden. So erreichen uns dann der zarte Duft von Jasmin, das liebliche Aroma der Rose oder der herbe Geruch von Salbei. »Clean but funky« nannte der US-amerikanische Schriftsteller Thomas Wolfe den Geruch des amerikanischen Südens. Wüstenstaub und Pinienzweige wehen darin mit und lassen die Sehnsucht wachsen nach einer Weite und Einsamkeit, durch die der Wind fegt.

»Warum Ägyptisch, Arabisch, Abessinisch, Tschokta? Nun, welche Sprache spricht der Wind? Welcher Nation gehört ein Sturm an?«, fragt ein Sturmverkäufer in Ray Bradburys fantastischem Roman *Das Böse kommt auf leisen Sohlen*. Der Wind ist Anarchist. Nationale Landesgrenzen interessieren ihn nicht, er gehört niemandem, lässt sich nicht einfangen, nicht bezähmen. Aber man kann mit ihm spielen, Drachen steigen lassen, mit Segelflugzeugen auf ihm gleiten oder seine unermessliche Kraft nutzen, indem man Mühlen von ihm antreiben lässt – oder Windräder. In *Das Paradies für jedermann erreichbar, lediglich durch Kräfte der Natur und der einfachsten Maschinen* beschrieb der nach Amerika ausgewanderte Pionier und Freidenker John Adolphus

Etzler bereits 1833 eine Utopie des Windes. Er entwickelte die Idee, dass in Zukunft Windräder zur Erzeugung von Energie beitragen sollten. Henry David Thoreau und andere Intellektuelle lasen und diskutierten Etzlers Werk. Doch es war das Zeitalter der Carnegies und Vanderbilts, der großen Stahl- und Industrie-Tycoons, die Erdöl als Energierohstoff entdeckt hatten und damit reich wurden. Man konnte das Land, auf dem die Bohrtürme standen, für sich arbeiten lassen, aber den Wind? So verschob sich die Entwicklung der Windräder um fast zwei Jahrhunderte nach hinten.

Der Wind trägt viele Namen. In Japan, wo er, je nach Jahreszeit, entweder aus Sibirien oder der Südsee weht und Wellen oder Zedern bewegt, gibt es das *kaze no jiten*, ein »Wörterbuch des Windes«, in dem 2036 verschiedene Namen für den Wind aufgeführt werden: Winde aus den Bergen, Winde vom Meer, Winde, die sich durch einen Felsspalt drängen, Winde, die eine Erkältung verursachen, und Winde, vor denen man sich hüten muss wie vor Hunden, die Menschenfleisch gefressen haben.

Wolken

schweben, ziehen,, hängen, hüllen, fallen

»Doch immer höher steigt der edle Drang! / Erlösung ist ein himmlisch leichter Zwang. / Ein Aufgehäuftes, flockig löst sich's auf, / Wie Schäflein trippelnd, leichtgekämmt zu Hauf, / So fließt zuletzt, was unten leicht entstand, / Dem Vater oben still in Schoß und Hand.«

Hätten Sie sie gleich erkannt? Es sind die Cirrus- oder Federwolken, die Goethe hier leichtfüßig in seinem *Wolkentagebuch* beschreibt – inspiriert von den Schriften Luke Howards, dem Begründer der modernen Wolkenkunde. Dessen Klassifikation der Wolken begeisterte Goethe so sehr, dass er 1822 in Briefkontakt mit Howard trat.

Heute befasst sich die Cloud Appreciation Society, die weltweit mehr als 40 000 Mitglieder zählt, mit der Erfassung und Katalogisierung von Wolkenformen. 2017 gelang es ihr, den *Internationalen Wolkenatlas*, der seit 1896 alle Wolkenformationen beschreibt und definiert, um zwölf weitere Formationen zu erweitern: Sie heißen Volutus, Asperitas, Cauda, Fluctus oder Murus. Doch auch der *Internationale Wolkenatlas* beruft sich auf Luke Howard und seinen Vortrag *Von der Modifizierung der Wolken*. Darin beschreibt Howard als erster Wissenschaftler überhaupt den Zusammenhang von Atmosphäre und Wolkenformation sowie die thermodynamische Verbindung von Druck, Temperatur und Feuchtigkeit. Eine Wolke definiert er als eine Ansammlung von flüssigen und gefrorenen Wasserteilchen, die »in der Luft schweben und gewöhnlich die Erdoberfläche nicht berühren«.

Schon die alten Griechen unterschieden zwischen Nephologie (Wolkenkunde), Brontologie (Donnerkunde) und Keraunik (Blitzkunde). Gleichzeitig erfassten sie auch die metaphysischen Qualitäten der Wolken, wie Aristophanes in seiner Komödie *Die Wolken* zum Ausdruck bringt: »Bewahre, die himmlischen Wolken sind's, der Müßigen göttliche Mächte, / Die Gedanken, Ideen, Begriffe, die uns Dialektik verleihen und Logik, / Und den Zauber des Worts, und den blauen Dunst, Übertölplung, Floskeln und Blendwerk.« Wolken und Ideen. Wolken und Gedanken. Diese Assoziationen sind bis heute fest in unserem Kopf verankert (nicht von ungefähr haben Gedankenblasen in Comics die Form von Schäfchenwolken). Zum einen ist es die stetige Veränderung und die Unbegrenztheit, in der die Wolken den menschlichen Gedanken ähneln. Zum anderen bieten die Wolkenformen schier unermesslichen Raum für Interpretation und Inspiration. Leonardo da Vinci soll seinen Schülern geraten haben, Wolken zu betrachten. Sie sollten in den Wolkenformen auf Entdeckungsreise gehen und kreative Impulse finden. Besonders die Vagheit der Formen hatte es da Vinci angetan, da sie es ermöglichte, immer wieder Neues darin zu sehen. Auch der italienische Autor Italo Calvino spielt in seinem Roman *Die unsichtbaren Städte* mit diesem Gedanken. Darin lässt er den weitgereisten Marco Polo unter anderem von der Stadt Tamara erzählen. Die Stadt ist gefüllt mit Zeichen, Statuen und Warnungen, explizit und genau. Doch stehen die Dinge repräsentativ für andere Dinge, die er nicht kennt. Und so vermag der Reisende die Stadt nicht zu lesen, nicht zu begreifen. Als er sie aber verlässt, reicht ein Blick in die Wolken – und plötzlich ist alles klar. Die Zeichen, Ideen, die sich dort auftun, werden allein von ihm interpretiert und haben

Mäandernde Hirngespinste: Aufruf zur Wiederentdeckung einer alten
Freizeitbeschäftigung: der Blick in die Wolken | Richard Riemerschmid,
Wolkengespenster (1897); München, Städtische Galerie im Lenbachhaus

damit eine offenkundige Bedeutung: »Draußen dehnt sich das leere Land bis zum Horizont, tut sich der Himmel auf, wo die Wolken laufen. In der Form, die Zufall und Wind den Wolken verleihen, ist der Mensch schon im Begriff, Gestalten zu sehen: ein Segelschiff, eine Hand, einen Elefanten.«

Und dann ist da noch *genshigumo*, die »Atomwolke«, die am 6. und 9. August 1945 über Hiroshima und Nagasaki aufstieg. Als das Unfassbare geschah, wussten die Menschen von Hiroshima nicht, was sich da ereignete, sie hatten kein Wort dafür. Sie benutzten daher den kindlich klingenden, lautmalerischen Begriff *pikadon* dafür, den man mit »Blitz-Bumm« übersetzen kann. Die ersten Texte, die nach dem unaussprechlichen Schrecken aus Hiroshima drangen, zum Beispiel in der Anthologie *Genshigumo no shita yori* (zu deutsch: »Von unter der Atomwolke«), waren Gedichte, die einem noch heute Schauer über den Rücken jagen. Die Wolke, in der es noch bei Leonardo da Vinci alles Erdenkliche zu entdecken galt, spiegelt nun im Anthropozän auch unsere Albträume wider.

Mit einer ganz anderen Art von Wolke setzen wir uns heute immer dann in Verbindung, wenn der Blick auf unser Smartphone-Display schweift: In der Cloud (englisch für »Wolke«) speichert der moderne Mensch seine Bilder, seine Mails und andere Daten, damit sie immer und von überall aus abrufbar sind. Der Name klingt niedlich, fast anrührend, nach einem nebulösen, von niemandem greifbaren Ort, in dem die Daten tropfengleich bereithängen, um bei Tastatureingabe ganz mühelos auf dem Computer oder Handy zu erscheinen. Aber natürlich ist die Daten-Cloud kein körperloses Gebilde, sondern konkreter Speicherplatz auf Servern in meist dunklen, stickigen Räumen, deren Betrieb unglaubliche Energiereserven benötigt und die ständig von einer Armada von Ingenieuren gewartet werden müssen. Mit einer Wolke hat das eigentlich nichts zu tun.

An dieser Stelle sei noch nachdrücklich auf eine der schönsten Formen der Freizeitgestaltung hingewiesen. Stunden kann man, allein oder gemeinsam, damit verbringen, sich auf eine grüne Wiese zu legen, den Wolken zuzuschauen und darin Dinge zu sehen. Riesenfratzen, Schildkröten, Zombies – alles ist erlaubt. Und vielleicht ist es auch gar kein Zufall, dass ausgerechnet Gavin Pretor-Pinney, der jahrelang das Magazin *The Idler* (»Der Müßiggänger«) publizierte, später die Cloud Appreciation Society gründete. Schließlich lässt sich beim Müßiggang viel Zeit damit verbringen, auf dem Rücken zu liegen und in die Wolken zu blicken.

Danksagung

Isaac Yuen: der mit mir im Mondschein Kieselstein um Kieselstein aufsammelte und mich immer wieder auf die richtige Fährte schubste. Dazu der erste und der beste Leser.

Philipp Bauer: der klaftertief träumte und mir von dort Geschichten, auch von Tlön, mitbrachte.

Annabelle Shewring: die sammelte und klaubte und zuhörte, wenn ich von ganz anderen Dingen erzählte.

Andrea Freund: bei der man sich immer auf die Runen verlassen kann.

Felix Meyer zu Venne: der mir in der Staatsbibliothek die Kunst des Übersetzens chinesischer Sci-Fi-Geschichten erläuterte und dessen Zeitschrift *Kapsel* das avantgardistischste Produkt Berlins ist.

Ferdi van Heerden: der weiß, wie man in tiefe Gesteinsschichten hineinschaut.

Kristina Langenbuch Gerez: die scharfsinnig und geduldig mit dem Textkamm bürstete.

Melanie Wylutzki: der dann doch noch ein Zitat einfiel.

Iris Glahn: die im Blitzgewitter des Endspurts noch einmal alles zum Leuchten brachte.

Baldur, Eli und Charly: weil ich immer auch für euch schreibe.

Reto Wettach: der gleich dem Donnergott tost und braust und damit viel aufwirbelt.

Bibliografie

Aristophanes: *Die Wolken*, Ditzingen 2014
Aristoteles: *Meteorologie*, Berlin 1984
Atwood, Margaret: *Der Report der Magd*, München 2017
Benjamin, Walter: *Berliner Kindheit um Neunzehnhundert*, Frankfurt / Main 2011
Borges, Jorge Luis: *Fiktionen: Erzählungen 1939–1944*, Frankfurt / Main 2012
Bradbury, Ray: *Das Böse kommt auf leisen Sohlen*, Zürich 1981 I »Der lange Regen« in *Der illustrierte Mann*, Zürich 1962
Brecht, Bertolt: *An die Nachgeborenen*, Berlin 1939
Brockes, Barthold Heinrich: »Das Norder-Licht« in: *Auszug der vornehmsten Gedichte aus dem Irdischen Vergnügen in Gott*, Stuttgart 1965
Büchner, Georg: *Lenz*, Stuttgart 2017
Bulian, Giovanni: »Invisible Landscapes. Winds, experience and memory in Japanese coastal fishery«, *Japan Forum* 2015
Calvino, Italo: *Die Unsichtbaren Städte*, München 1977
Chandler, Raymond. *Red Wind: A Collection of Short Stories*, Cleveland 1946
Conrad, Joseph: *Taifun*, Berlin 2019
Dalí, Salvador: *The Secret Life of Salvador Dalí*, North Chelmsford / Mass. 2013
Defoe, Daniel: *A Tour Through the Whole Island of Great Britain*, London 1971 I *Robinson Crusoe*, Hamburg 2019
Dickens, Charles: *Bleak House*, Frankfurt / Main, 2010
Dickinson, Emily: »There's a certain Slant of Light« in: *The Poems of Emily Dickinson*, Cambridge / Mass. 1998
Döblin, Alfred: *Berlin Alexanderplatz*, Frankfurt / Main 2013
Doyle, Arthur Conan: *Der Hund der Baskervilles*, o. O. 2012
Eichendorff, Joseph von: *Dichter und ihre Gesellen*, Frankfurt / Main 2007 I »Abschied« in: *Werke*, München 1970
Eliot, T. S.: »J. Alfred Prufrocks Liebesgesang« in: *Englische und amerikanische Dichtung* (Hrsg. Eva Hesse), München 2000
Enzensberger, Hans Magnus: »Der Wald im Kopf« in: *Mittelmaß und Wahn*, Frankfurt / Main 1988 I »fremder garten« in: *Verteidigung der Wölfe*, Frankfurt / Main 1957
Etzler, Adolphus: *Das Paradies für jedermann erreichbar, lediglich durch Kräfte der Natur und der einfachsten Maschinen*, Reutlingen 1981
Fontane, Theodor: »Die Brück' am Tay« in: *Sämtliche Werke*, München 1959–1975.
Goethe, Johann Wolfgang von: *Werke*, München 1999
Grass, Günter: *Die Rättin*, Göttingen 1997
Gumo, Sussy: »Praying for Rain: Indigenous Systems of Rainmaking in Kenya«, *Ecumenical Review*, 2017
Harris, Alexandra: *Weatherland: Writers & Artists Under English Skies*, London 2015
Hauff, Wilhelm: »Das Wirtshaus im Spessart« in *Hauffs Märchen*, München 2012
Haushofer, Marlen: *Die Wand*, Berlin 2004
Hesse, Hermann: »Der Kavalier auf dem Eise« in: *Liebesgeschichten*, Frankfurt / Main 2007
Homer: *Ilias*, Frankfurt / Main 1990
Humboldt, Alexander von: *Kosmos. Entwurf einer physischen Weltbeschreibung*. Stuttgart / Tübingen 1847
Jünger, Ernst: *Siebzig verweht. Die Tagebücher 1965–1996*, Stuttgart 1998
Kipling, Rudyard: *Das Zweite Dschungelbuch*, Frankfurt / Main 1996
Krauss, Friedrich: *Tausend Sagen und Märchen der Südslaven*, Leipzig 1914
Le Guin, Ursula K.: *Die linke Hand der Dunkelheit*, München 2014 I »The Space Crone« in: *Dancing at the Edge of the World*, New York 1976
Lichtenberg, Georg Christoph: »Der Verfasser über sich selbst« in: *Ausgewählte Schriften*, Stuttgart 1893
Lopez, Barry: *Arktische Träume*, Frankfurt / Main 1986.
Macfarlane, Robert: *Alte Wege*, Berlin 2016 I *Im Unterland*, München 2019
Monchaux, Nicholas de: Spacesuit: Fashioning Apollo, Cambridge / Mass. 2011
Mörike, Eduard: »Sehnsucht« in: *Sämtliche Werke in zwei Bänden*, München 1967

Moers, Walter: *Die 13 ½ Leben des Käpt'n Blaubär*, München 1999

Morgenstern, Christian: *Gesammelte Werke in einem Band*, München 2017

Mort, Helen: *The Singing Glacier*, Lambeth 2016

Poe, Edgar Allan: *Der Untergang des Hauses Usher*, [o. O.] 2016

Powers, Richard: *Die Wurzeln des Lebens*, Frankfurt / Main, 2018

Ran, Zhang: »Der Schnee von Jinyang« in *Zerbrochene Sterne*, München 2020

Rautenberg, Arne: *permafrost*, Heidelberg 2019

Reva, Maria: *Good Citizens Need Not Fear*, London 2020

Ringelnatz, Joachim: »Paul Wegener« in: *Allerdings*, Berlin 1928

Schiller, Friedrich von: *Sämtliche Werke in fünf Bänden*, München 2004

Sebald, W. E.: *Die Ringe des Saturn*, Frankfurt / Main 1995 | *Logis in einem Landhaus*, München 1998

Shikibu, Murasaki: *Die Geschichte vom Prinzen Genji*, München 2014

Shreve, Anita: *Eine Hochzeit im Dezember*, München 2014

Strand, Ginger: *The Brothers Vonnegut – Science and Fiction in the House of Magic*, New York 2015

Thoreau, Henry David: *Walden oder Leben in den Wäldern*, München 1922

Tolstoi, Lew: *Anna Karenina*, Berlin 2010

Tschechow, Anton: *Drei Schwestern*, Lechte 1959

Wagner, Richard: »Das Rheingold« in *Der Ring des Nibelungen*, Stuttgart 2009

Whitman, Walt: »Schöne Weiber« in: *Grashalme*, Rottenburg o. J.

Wolfe, Thomas: *Look Homeward Angel*, London 2016

Zweig, Friderike: *Stefan Zweig – wie ich ihn erlebte*, Berlin 1948

Zweig, Stefan: *Auf Reisen*, Frankfurt / Main 2004

Online

Davis, Benjamin: https:// de.rbth.com / lifestyle / 81777-smalltalk-russland

Grimm, Jacob und Wilhelm: http:// woerterbuchnetz.de / DWB (Deutsches Wörterbuch)

Krünitz, Johann Georg: http:// www.kruenitz1.uni-trier.de (Oeconomische Encyclopädie)

Tavares, Silvia: https://theconversation.com / city-temperatures-and-city-economics-a-hidden-relationship-between-sun-and-wind-and-profits-116064

Tingley, Kim: https:// www.nytimes.com / 2016 / 03 / 20 / magazine / the-secrets-of-the-wave-pilots.html

Whatley, Jack: https:// faroutmagazine.co.uk / nick-cave-leonard-cohen-song-that-changed-his-life-famous-blue-raincoat

Yuen, Isaac: https:// ekostories.com / 2013 / 04 / 11 / planetary-collective-overview

Film

Ghost Dog – Der Weg des Samurai (Drehbuch und Regie: Jim Jarmusch, USA 1999)

Der Zauberer von Oz (Regie: Victor Fleming, USA 1939)

Bildquellenverzeichnis

S. 17 akg-images
S. 22/23 akg-images
S. 31 akg-images / Erich Lessing
S. 37 akg-images / Album / Oronoz
S. 41 akg-images / British Library
S. 56/57 akg-images
S. 61 akg-images / Album
S. 71 akg-images / Erich Lessing
S. 83 akg-images
S. 89 akg-images
S. 107 akg-images
S. 114 akg-images
S. 120/121 akg-images / Bildarchiv Steffens
S. 125 akg-images
S. 135 akg-images / De Agostini Picture Lib.
S. 147 akg-images
S. 152/153 © VG Bild-Kunst, Bonn 2020 / akg-images

© Duden 2020 D C B A
Bibliographisches Institut GmbH,
Mecklenburgische Straße 53, 14197 Berlin

Redaktion: Iris Glahn
Lektorat: Kristina Langenbuch Gerez
Herstellung: Maike Häßler
Umschlaggestaltung,
Layout und Satz: Hanna Zeckau
Umschlagabbildungen: Aspirationspsychrometer: akg-images /
bilwissedition; Barometer: akg / Science Photo Library;
Heißluftballon: Heritage Images / Historica Graphica Collection / akg-
images; Mond: akg-images; Saturn: akg-images / Science Source;
Sonne: Quagga Media UG / akg-images

Druck und Bindung: Livonia Print, SIA, Riga
Printed in Latvia

ISBN 978-3-411-71783-5
www.duden.de